초등 수학의

신기한
연산왕

D-1 초4 수준

KB085735

수학 학력 평가의 새로운 기준!

현직 교수, 박사급 출제위원!

빅데이터 평가분석!

Ai

1:1 KMA 평가 전문 상담!

KMA
한국수학학력평가

평가 일시 : 매년 상반기 6월, 하반기 11월 실시

수학 학력 평가의 새로운 기준!

KMA
Korean Mathematics Ability Evaluation
한국수학학력평가
대비서

초 **3**학년

한국수학학력평가 연구원
홈페이지 : www.kma-e.com

※ 창의 사고력 도전 문제 동영상 강의 QR 코드 무료 제공
※ 정답과 풀이 뒷면에 동영상 강의 QR 코드를 확인하세요.

◆ 단원 평가
◆ 실전 모의고사
◆ 최종 모의고사

참가 대상   초등 1학년 ~ 중등 3학년
(상급학년 응시가능)

신청 방법   1) KMA 홈페이지에서 온라인 접수
2) 해당지역 KMA 학원 접수처
3) 기타 문의 ☎ 070-4861-4832

홈페이지   www.kma-e.com

※ 상세한 내용은 홈페이지에서 확인해 주세요.

주 최 | 한국수학학력평가 연구원   주 관 | ㈜에듀왕

KMA 대비서

초등 수학의 기본은 연산력!!

초등수학

연산왕

D 단계-1
(초4수준)

구성과 특징

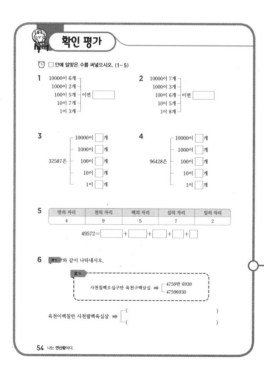

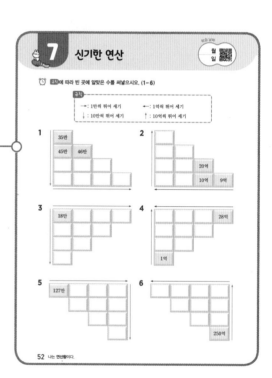

원리+익힘

연산의 원리를 쉽게 이해하고 빠르고 정확한 계산 능력을 얻을 수 있도록 구성하였습니다.

신기한 연산

연산 능력과 창의사고력 향상이 동시에 이루어질 수 있는 문제로 구성하여 계산 능력과 창의사고력이 저절로 향상될 수 있도록 구성하였습니다.

확인평가

단원을 마무리하면서 익힌 내용을 평가하여 자신의 실력을 알아볼 수 있도록 구성하였습니다.

크라운 온라인 단원 평가는?

크라운 온라인 평가는?

단원별 학습한 내용을 올바르게 학습하였는지 실시간 점검할 수 있는 온라인 평가 입니다.

- 온라인 평가는 매단원별 25문제로 출제 되었습니다
- 평가 시간은 30분이며 시험 시간이 지나면 문제를 풀 수 없습니다
- 온라인 평가를 통해 100점을 받으시면 크라운 1개를 획득할 수 있습니다.

온라인 평가 방법

에듀왕닷컴 접속 www.eduwang.com	메인 상단 메뉴에서 단원평가 클릭	단계 및 단원 선택
신규 회원 가입 또는 로그인	닷컴 메인 메뉴에서 단원 평가 클릭	평가하고자 하는 단계와 단원을 선택

크라운 확인	온라인 단원 평가 종료	온라인 단원 평가 실시
마이페이지에서 크라운 확인 후 크라운 사용	종료 후 실시간 평가 결과 확인	30분 동안 평가 실시

유의사항

- 평가 시작 전 종이와 연필을 준비하시고 인터넷 및 와이파이 신호를 꼭 확인하시기 바랍니다
- 단원평가는 최초 1회에 한하여 크라운이 반영됩니다. (중복 평가 시 크라운 미 반영)
- 각 단원 평가를 통해 100점을 받으시면 크라운 1개를 드리며, 획득하신 크라운으로 에듀왕닷컴에서 판매하고 있는 교재 및 서비스를 무료로 구매 하실 수 있습니다 (크라운 1개 – 1,000원)

연산왕 단계별 학습 내용

A-1
(초1수준)

1. 9까지의 수
2. 9까지의 수를 모으고 가르기
3. 덧셈과 뺄셈

A-2
(초1수준)

1. 19까지의 수
2. 50까지의 수
3. 50까지의 수의 덧셈과 뺄셈

A-3
(초1수준)

1. 100까지의 수
2. 덧셈
3. 뺄셈

A-4
(초1수준)

1. 두 자리 수의 혼합 계산
2. 두 수의 덧셈과 뺄셈
3. 세 수의 덧셈과 뺄셈

B-1
(초2수준)

1. 세 자리 수
2. 받아올림이 한 번 있는 덧셈
3. 받아올림이 두 번 있는 덧셈

B-2
(초2수준)

1. 받아내림이 한 번 있는 뺄셈
2. 받아내림이 두 번 있는 뺄셈
3. 덧셈과 뺄셈의 관계

B-3
(초2수준)

1. 네 자리 수
2. 세 자리 수와 두 자리 수의 덧셈과 뺄셈
3. 세 수의 계산

B-4
(초2수준)

1. 곱셈구구
2. 길이의 계산
3. 시각과 시간

차례

1

큰 수

1 다섯 자리 수(1)

- 1000이 10개인 수를 10000 또는 1만이라 쓰고, 만 또는 일만이라고 읽습니다.
- 10000이 3개, 1000이 4개, 100이 2개, 10이 5개, 1이 8개인 수를 34258이라 쓰고, 삼만 사천이백오십팔이라고 읽습니다.

	만의 자리	천의 자리	백의 자리	십의 자리	일의 자리
숫자	3	4	2	5	8
나타내는 값	30000	4000	200	50	8

➡ $34258 = 30000 + 4000 + 200 + 50 + 8$

⏰ 그림을 보고 ☐ 안에 알맞은 수를 써넣으시오. (1~5)

1 1000원짜리 지폐가 6장이면 ☐ 원입니다.

2 1000원짜리 지폐가 7장이면 ☐ 원입니다.

3 1000원짜리 지폐가 8장이면 ☐ 원입니다.

4 1000원짜리 지폐가 9장이면 ☐ 원입니다.

5 1000원짜리 지폐가 10장이면 ☐ 원입니다.

⏰ □ 안에 알맞은 수를 써넣으시오. (6~15)

6 10000은 9000보다 □ 큰 수입니다.

7 10000은 9900보다 □ 큰 수입니다.

8 10000은 9990보다 □ 큰 수입니다.

9 10000은 9999보다 □ 큰 수입니다.

10 10000이 4개이면 □ 입니다.

11 10000이 6개이면 □ 입니다.

12 10000이 9개이면 □ 입니다.

13 10000이 5개이면 □ 입니다.

14 10000이 7개이면 □ 입니다.

15 10000이 8개이면 □ 입니다.

⏰ □ 안에 알맞은 수를 써넣으시오. (1~10)

1 10000이 4개, 1000이 6개, 100이 3개, 10이 5개, 1이 8개인 수는 [   ] 입니다.

2 10000이 5개, 1000이 9개, 100이 7개, 10이 4개, 1이 2개인 수는 [   ] 입니다.

3 10000이 2개, 1000이 7개, 100이 4개, 10이 0개, 1이 3개인 수는 [   ] 입니다.

4 10000이 5개, 1000이 9개, 100이 8개, 10이 2개, 1이 4개인 수는 [   ] 입니다.

5 10000이 6개, 1000이 3개, 100이 2개, 10이 3개, 1이 7개인 수는 [   ] 입니다.

6 10000이 8개, 1000이 0개, 100이 1개, 10이 2개, 1이 5개인 수는 [   ] 입니다.

7 10000이 2개, 1000이 4개, 100이 6개, 10이 8개, 1이 0개인 수는 [   ] 입니다.

8 10000이 9개, 1000이 3개, 100이 6개, 10이 5개, 1이 8개인 수는 [   ] 입니다.

9 10000이 4개, 1000이 6개, 100이 1개, 10이 9개, 1이 6개인 수는 [   ] 입니다.

10 10000이 3개, 1000이 7개, 100이 0개, 10이 0개, 1이 4개인 수는 [   ] 입니다.

⏰ □ 안에 알맞은 수를 써넣으시오. (11 ~ 18)

11 13597은 10000이 ☐개, 1000이 ☐개, 100이 ☐개, 10이 ☐개, 1이 ☐개인 수
입니다.

12 56984는 10000이 ☐개, 1000이 ☐개, 100이 ☐개, 10이 ☐개, 1이 ☐개인 수
입니다.

13 36982는 10000이 ☐개, 1000이 ☐개, 100이 ☐개, 10이 ☐개, 1이 ☐개인 수
입니다.

14 69871은 10000이 ☐개, 1000이 ☐개, 100이 ☐개, 10이 ☐개, 1이 ☐개인 수
입니다.

15 32475는 10000이 ☐개, 1000이 ☐개, 100이 ☐개, 10이 ☐개, 1이 ☐개인 수
입니다.

16 42078은 10000이 ☐개, 1000이 ☐개, 100이 ☐개, 10이 ☐개, 1이 ☐개인 수
입니다.

17 72893은 10000이 ☐개, 1000이 ☐개, 100이 ☐개, 10이 ☐개, 1이 ☐개인 수
입니다.

18 94168은 10000이 ☐개, 1000이 ☐개, 100이 ☐개, 10이 ☐개, 1이 ☐개인 수
입니다.

다섯 자리 수(3)

⏰ □ 안에 알맞은 수를 써넣으시오. (1~8)

1
10000이 1개
1000이 5개
100이 6개 ─ 이면 □
10이 9개
1이 3개

2
10000이 6개
1000이 1개
100이 4개 ─ 이면 □
10이 5개
1이 8개

3
10000이 2개
1000이 6개
100이 5개 ─ 이면 □
10이 8개
1이 7개

4
10000이 2개
1000이 8개
100이 5개 ─ 이면 □
10이 3개
1이 0개

5
10000이 4개
1000이 0개
100이 8개 ─ 이면 □
10이 2개
1이 6개

6
10000이 8개
1000이 3개
100이 9개 ─ 이면 □
10이 7개
1이 4개

7
10000이 6개
1000이 3개
100이 7개 ─ 이면 □
10이 8개
1이 2개

8
10000이 9개
1000이 8개
100이 7개 ─ 이면 □
10이 2개
1이 5개

□ 안에 알맞은 수를 써넣으시오. (9~16)

9 12357은
- 10000이 □개
- 1000이 □개
- 100이 □개
- 10이 □개
- 1이 □개

10 24564는
- 10000이 □개
- 1000이 □개
- 100이 □개
- 10이 □개
- 1이 □개

11 34589는
- 10000이 □개
- 1000이 □개
- 100이 □개
- 10이 □개
- 1이 □개

12 63981은
- 10000이 □개
- 1000이 □개
- 100이 □개
- 10이 □개
- 1이 □개

13 63587은
- 10000이 □개
- 1000이 □개
- 100이 □개
- 10이 □개
- 1이 □개

14 90843은
- 10000이 □개
- 1000이 □개
- 100이 □개
- 10이 □개
- 1이 □개

15 79058은
- 10000이 □개
- 1000이 □개
- 100이 □개
- 10이 □개
- 1이 □개

16 36987은
- 10000이 □개
- 1000이 □개
- 100이 □개
- 10이 □개
- 1이 □개

학습 날짜

월 일

🕐 수를 읽어 보시오. (1~9)

1 36000 ➡ ( )

2 27400 ➡ ( )

3 41580 ➡ ( )

4 39752 ➡ ( )

5 64084 ➡ ( )

6 72419 ➡ ( )

7 98534 ➡ ( )

8 54172 ➡ ( )

9 80924 ➡ ( )

걸린 시간	1~6분	6~9분	9~12분
맞은 개수	17~18개	13~16개	1~12개
평가	참 잘했어요.	잘했어요.	좀더 노력해요.

수로 나타내시오. (10 ~ 18)

10 이만 오천 ➡ (　　　　　　　　)

11 사만 이천칠백 ➡ (　　　　　　　　)

12 오만 사천팔백이십 ➡ (　　　　　　　　)

13 삼만 육천오백사십칠 ➡ (　　　　　　　　)

14 구만 칠백구십팔 ➡ (　　　　　　　　)

15 칠만 팔백칠십사 ➡ (　　　　　　　　)

16 육만 오천구백사십일 ➡ (　　　　　　　　)

17 팔만 천사백오십칠 ➡ (　　　　　　　　)

18 사만 삼천칠백육십오 ➡ (　　　　　　　　)

다섯 자리 수 (5)

⏰ □ 안에 알맞은 수를 써넣으시오. (1 ~ 5)

1

만의 자리	천의 자리	백의 자리	십의 자리	일의 자리
1	4	5	6	7

$$14567 = 10000 + 4000 + \boxed{} + \boxed{} + \boxed{}$$

2

만의 자리	천의 자리	백의 자리	십의 자리	일의 자리
3	2	4	7	8

$$32478 = 30000 + 2000 + \boxed{} + \boxed{} + \boxed{}$$

3

만의 자리	천의 자리	백의 자리	십의 자리	일의 자리
5	9	4	2	7

$$59427 = \boxed{} + \boxed{} + \boxed{} + \boxed{} + \boxed{}$$

4

만의 자리	천의 자리	백의 자리	십의 자리	일의 자리
6	7	1	9	4

$$67194 = \boxed{} + \boxed{} + \boxed{} + \boxed{} + \boxed{}$$

5

만의 자리	천의 자리	백의 자리	십의 자리	일의 자리
4	9	7	1	5

$$49715 = \boxed{} + \boxed{} + \boxed{} + \boxed{} + \boxed{}$$

보기 와 같이 각 자리 숫자가 나타내는 값의 합으로 나타내시오. (6~12)

보기

$$19568 = 10000 + 9000 + 500 + 60 + 8$$

6 $29658 = \boxed{} + \boxed{} + \boxed{} + \boxed{} + \boxed{}$

7 $96358 = \boxed{} + \boxed{} + \boxed{} + \boxed{} + \boxed{}$

8 $25763 = \boxed{} + \boxed{} + \boxed{} + \boxed{} + \boxed{}$

9 $98532 = \boxed{} + \boxed{} + \boxed{} + \boxed{} + \boxed{}$

10 $26358 = \boxed{} + \boxed{} + \boxed{} + \boxed{} + \boxed{}$

11 $36984 = \boxed{} + \boxed{} + \boxed{} + \boxed{} + \boxed{}$

12 $58726 = \boxed{} + \boxed{} + \boxed{} + \boxed{} + \boxed{}$

2 천만 단위까지의 수 (1)

10000이 3547개이면 35470000 또는 3547만이라 쓰고, 삼천오백사십칠만이라고 읽습니다.

3	5	4	7	0	0	0	0
천	백	십	일	천	백	십	일
			만				

$$35470000 = 30000000 + 5000000 + 400000 + 70000$$

⏰ 주어진 수를 두 가지 방법으로 쓰고 읽어 보시오. (1~4)

1

만이 10개인 수 ➡ 쓰기: _____ 또는 _____

읽기: _____

2

만이 100개인 수 ➡ 쓰기: _____ 또는 _____

읽기: _____

3

만이 1000개인 수 ➡ 쓰기: _____ 또는 _____

읽기: _____

4

만이 1328개인 수 ➡ 쓰기: _____ 또는 _____

읽기: _____

□ 안에 알맞은 수를 써넣으시오. (5~13)

5 만이 18개이면 [   ] 또는 [   ]만이라고 씁니다.

6 만이 64개이면 [   ] 또는 [   ]만이라고 씁니다.

7 만이 71개이면 [   ] 또는 [   ]만이라고 씁니다.

8 만이 246개이면 [   ] 또는 [   ]만이라고 씁니다.

9 만이 408개이면 [   ] 또는 [   ]만이라고 씁니다.

10 만이 914개이면 [   ] 또는 [   ]만이라고 씁니다.

11 만이 1042개이면 [   ] 또는 [   ]만이라고 씁니다.

12 만이 5489개이면 [   ] 또는 [   ]만이라고 씁니다.

13 만이 8497개이면 [   ] 또는 [   ]만이라고 씁니다.

2 천만 단위까지의 수(2)

⏰ □ 안에 알맞은 수를 써넣으시오. (1~9)

1 만이 12개, 일이 2356개인 수 ➡ ⬜

2 만이 26개, 일이 1529개인 수 ➡ ⬜

3 만이 69개, 일이 4598개인 수 ➡ ⬜

4 만이 598개, 일이 5028개인 수 ➡ ⬜

5 만이 985개, 일이 7852개인 수 ➡ ⬜

6 만이 325개, 일이 3028개인 수 ➡ ⬜

7 만이 2058개, 일이 853개인 수 ➡ ⬜

8 만이 3698개, 일이 2830개인 수 ➡ ⬜

9 만이 7538개, 일이 4108개인 수 ➡ ⬜

□ 안에 알맞은 수를 써넣으시오. (10 ~ 18)

10 235678 ➡ 만이 ☐ 개, 일이 ☐ 개인 수

11 369872 ➡ 만이 ☐ 개, 일이 ☐ 개인 수

12 605987 ➡ 만이 ☐ 개, 일이 ☐ 개인 수

13 2468526 ➡ 만이 ☐ 개, 일이 ☐ 개인 수

14 5698408 ➡ 만이 ☐ 개, 일이 ☐ 개인 수

15 4826581 ➡ 만이 ☐ 개, 일이 ☐ 개인 수

16 30506989 ➡ 만이 ☐ 개, 일이 ☐ 개인 수

17 85214965 ➡ 만이 ☐ 개, 일이 ☐ 개인 수

18 65894128 ➡ 만이 ☐ 개, 일이 ☐ 개인 수

2 천만 단위까지의 수(3)

🕐 보기 와 같이 수를 읽어 보시오. (1~5)

> **보기**
>
> 3561270 ➡ ┌ 356만 1270
>   └ 삼백오십육만 천이백칠십

1
263500 ➡ ┌ (   )
         └ (   )

2
1543820 ➡ ┌ (   )
          └ (   )

3
2074125 ➡ ┌ (   )
          └ (   )

4
14607052 ➡ ┌ (   )
           └ (   )

5
49625873 ➡ ┌ (   )
           └ (   )

⏰ 보기 와 같이 수로 나타내시오. (6~10)

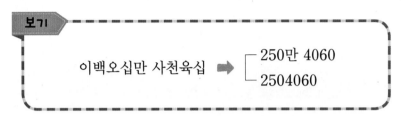

> 보기
>
> 이백오십만 사천육십 ➡ ⎡ 250만 4060
>   ⎣ 2504060

6 사백이십오만 이천사백육십 ➡ ⎡ (   )
                                        ⎣ (   )

7 천오백사십이만 팔천 ➡ ⎡ (   )
                             ⎣ (   )

8 구천백만 오천사백삼십이 ➡ ⎡ (   )
                               ⎣ (   )

9 칠천삼백십사만 육천이백이십칠 ➡ ⎡ (   )
                                      ⎣ (   )

10 이백칠십이만 팔천사백구십일 ➡ ⎡ (   )
                                   ⎣ (   )

2 천만 단위까지의 수(4)

⏰ 수를 읽어 보시오. (1~9)

1 386000 ➡ (   )

2 594580 ➡ (   )

3 625027 ➡ (   )

4 1369850 ➡ (   )

5 2398501 ➡ (   )

6 9657821 ➡ (   )

7 32698400 ➡ (   )

8 13598109 ➡ (   )

9 24680135 ➡ (   )

걸린 시간	1~6분	6~9분	9~12분
맞은 개수	17~18개	13~16개	1~12개
평가	참 잘했어요.	잘했어요.	좀더 노력해요.

수로 나타내시오. (10 ~ 18)

10 십오만 사천오백팔십 ➡ (　　　　　　　　)

11 사십칠만 구천사십삼 ➡ (　　　　　　　　)

12 팔십만 이천구백칠십이 ➡ (　　　　　　　　)

13 백사만 삼천사백오십칠 ➡ (　　　　　　　　)

14 오백십구만 사천이십일 ➡ (　　　　　　　　)

15 이백오십만 칠천사백십이 ➡ (　　　　　　　　)

16 구천사백오십만 육천오백 ➡ (　　　　　　　　)

17 칠천구만 사천오백팔십팔 ➡ (　　　　　　　　)

18 육천백삼만 천구백사십사 ➡ (　　　　　　　　)

3 천억 단위까지의 수(1)

1억이 2457개이면 245700000000 또는 2457억이라 쓰고, 이천사백오십칠억이라고 읽습니다.

2	4	5	7	0	0	0	0	0	0	0	0
천	백	십	일	천	백	십	일	천	백	십	일
			억				만				

245700000000＝200000000000＋40000000000＋5000000000＋700000000

🕐 주어진 수를 두 가지 방법으로 쓰고 읽어 보시오. (1~4)

1 억이 10개인 수 ➡

쓰기: _____ 또는 _____

읽기: _____

2 억이 100개인 수 ➡

쓰기: _____ 또는 _____

읽기: _____

3 억이 1000개인 수 ➡

쓰기: _____ 또는 _____

읽기: _____

4 억이 6273개인 수 ➡

쓰기: _____ 또는 _____

읽기: _____

⏰ ☐ 안에 알맞은 수를 써넣으시오. (5~13)

5 억이 12개이면 [   ] 또는 [   ]억이라고 씁니다.

6 억이 26개이면 [   ] 또는 [   ]억이라고 씁니다.

7 억이 41개이면 [   ] 또는 [   ]억이라고 씁니다.

8 억이 104개이면 [   ] 또는 [   ]억이라고 씁니다.

9 억이 426개이면 [   ] 또는 [   ]억이라고 씁니다.

10 억이 512개이면 [   ] 또는 [   ]억이라고 씁니다.

11 억이 1028개이면 [   ] 또는 [   ]억이라고 씁니다.

12 억이 3654개이면 [   ] 또는 [   ]억이라고 씁니다.

13 억이 7260개이면 [   ] 또는 [   ]억이라고 씁니다.

3 천억 단위까지의 수(2)

⏰ □ 안에 알맞은 수를 써넣으시오. (1~9)

1 억이 9개, 만이 5897개인 수 ➡

2 억이 7개, 만이 258개인 수 ➡

3 억이 58개, 만이 1705개인 수 ➡

4 억이 23개, 만이 4368개인 수 ➡

5 억이 985개, 만이 5287개인 수 ➡

6 억이 325개, 만이 9500개인 수 ➡

7 억이 1238개, 만이 5236개, 일이 9658개인 수 ➡

8 억이 27개, 만이 123개, 일이 85개인 수 ➡

9 억이 528개, 만이 6000개, 일이 326개인 수 ➡

□ 안에 알맞은 수를 써넣으시오. (10~18)

10 1265890000 ➡ 억이 [　] 개, 만이 [　] 개인 수

11 6585670000 ➡ 억이 [　] 개, 만이 [　] 개인 수

12 1932580000 ➡ 억이 [　] 개, 만이 [　] 개인 수

13 63574560000 ➡ 억이 [　] 개, 만이 [　] 개인 수

14 52608590000 ➡ 억이 [　] 개, 만이 [　] 개인 수

15 65835000000 ➡ 억이 [　] 개, 만이 [　] 개인 수

16 205896550000 ➡ 억이 [　] 개, 만이 [　] 개인 수

17 958723650000 ➡ 억이 [　] 개, 만이 [　] 개인 수

18 639425870000 ➡ 억이 [　] 개, 만이 [　] 개인 수

3 천억 단위까지의 수 (3)

⏰ 보기 와 같이 수로 나타내시오. (1~8)

> **보기**
>
> 2487억 1572만 5620 ➡ 248715725620

1 29억 4628만 5711 ➡ ☐

2 67억 6208만 6725 ➡ ☐

3 148억 476만 2418 ➡ ☐

4 294억 1004만 547 ➡ ☐

5 1357억 2762만 1500 ➡ ☐

6 2704억 629만 7842 ➡ ☐

7 6298억 9873만 1942 ➡ ☐

8 7104억 2047만 89 ➡ ☐

걸린 시간	1~6분	6~9분	9~12분
맞은 개수	15~16개	12~14개	1~11개
평가	참 잘했어요.	잘했어요.	좀더 노력해요.

보기 와 같이 수로 나타내시오. (9 ~ 16)

보기

309013400570 ➡ 3090억 1340만 570

9 40235698624 ➡ ☐억 ☐만 ☐

10 65895602458 ➡ ☐억 ☐만 ☐

11 96587412536 ➡ ☐억 ☐만 ☐

12 135792568729 ➡ ☐억 ☐만 ☐

13 658947520369 ➡ ☐억 ☐만 ☐

14 956305287456 ➡ ☐억 ☐만 ☐

15 174589632587 ➡ ☐억 ☐만 ☐

16 325987412586 ➡ ☐억 ☐만 ☐

⏰ **수를 읽어 보시오. (1~9)**

1   1236580000   ➡ (   )

2   3687000000   ➡ (   )

3   7265821500   ➡ (   )

4   10286254700   ➡ (   )

5   25047651257   ➡ (   )

6   36854210369   ➡ (   )

7   125865740025   ➡ (   )

8   465895413257   ➡ (   )

9   852601475230   ➡ (   )

⏰ **수로 나타내시오. (10 ~ 18)**

10 십이억 오천구백만 이천사백칠십 ➡ (1259002470)

11 삼십오억 육천오백칠십만 삼천육백사 ➡ (3565703604)

12 오십억 사천팔백만 구천사백오십육 ➡ (5048009456)

13 백이십칠억 구천사백오만 천백이십 ➡ (12794051120)

14 오백십이억 구백칠만 사천팔십구 ➡ (51209074089)

15 칠천구백사십오억 천구백사만 오천 ➡ (794519045000)

16 이천오백팔십칠억 사천칠백구십만 ➡ (258747900000)

17 삼천육백이십오억 이천구십구만 사천팔십 ➡ (362520994080)

18 사천오억 천사백이십일만 구천사백오십칠 ➡ (400514219457)

4 천조 단위까지의 수(1)

1조가 2587개이면 2587000000000000 또는 2587조라 쓰고, 이천오백팔십칠조라고 읽습니다.

2	5	8	7	0	0	0	0	0	0	0	0	0	0	0	0
천	백	십	일	천	백	십	일	천	백	십	일	천	백	십	일
		조				억				만					

$$2587000000000000 = 2000000000000000 + 500000000000000$$
$$+ 80000000000000 + 7000000000000$$

⏰ 주어진 수를 두 가지 방법으로 쓰고 읽어 보시오. (1~4)

1 조가 10개인 수 ➡ 쓰기: _____ 또는 _____
읽기: _____

2 조가 100개인 수 ➡ 쓰기: _____ 또는 _____
읽기: _____

3 조가 1000개인 수 ➡ 쓰기: _____ 또는 _____
읽기: _____

4 조가 3658개인 수 ➡ 쓰기: _____ 또는 _____
읽기: _____

⏰ □ 안에 알맞은 수를 써넣으시오. (5 ~ 13)

5 조가 14개이면 [   ] 또는 [ ]조라고 씁니다.

6 조가 22개이면 [   ] 또는 [ ]조라고 씁니다.

7 조가 48개이면 [   ] 또는 [ ]조라고 씁니다.

8 조가 106개이면 [   ] 또는 [ ]조라고 씁니다.

9 조가 368개이면 [   ] 또는 [ ]조라고 씁니다.

10 조가 423개이면 [   ] 또는 [ ]조라고 씁니다.

11 조가 1258개이면 [   ] 또는 [ ]조라고 씁니다.

12 조가 2460개이면 [   ] 또는 [ ]조라고 씁니다.

13 조가 6153개이면 [   ] 또는 [ ]조라고 씁니다.

⏰ 수로 나타내시오. (1~7)

1 조가 2개, 억이 4258개인 수

➡ _____

2 조가 23개, 억이 1498개인 수

➡ _____

3 조가 197개, 억이 3258개, 만이 9578개인 수

➡ _____

4 조가 369개, 억이 589개, 만이 4500개인 수

➡ _____

5 조가 1256개, 억이 6870개, 만이 3258개인 수

➡ _____

6 조가 987개, 억이 1258개, 만이 6723개, 일이 5000개인 수

➡ _____

7 조가 6405개, 억이 5832개, 만이 875개, 일이 9874개인 수

➡ _____

⏰ ☐ 안에 알맞은 수를 써넣으시오. (8~16)

8 36456800000000 ➡ 조가 ☐ 개, 억이 ☐ 개인 수

9 95205700000000 ➡ 조가 ☐ 개, 억이 ☐ 개인 수

10 96058700000000 ➡ 조가 ☐ 개, 억이 ☐ 개인 수

11 197625400000000 ➡ 조가 ☐ 개, 억이 ☐ 개인 수

12 369852400000000 ➡ 조가 ☐ 개, 억이 ☐ 개인 수

13 568625900000000 ➡ 조가 ☐ 개, 억이 ☐ 개인 수

14 1357896500000000 ➡ 조가 ☐ 개, 억이 ☐ 개인 수

15 2685075000000000 ➡ 조가 ☐ 개, 억이 ☐ 개인 수

16 9568741200000000 ➡ 조가 ☐ 개, 억이 ☐ 개인 수

4 천조 단위까지의 수(3)

학습 날짜

월   일

보기 **와 같이 수로 나타내시오. (1~8)**

보기

48조 1587억 4300만 2750 ➡ 48158743002750

1 6조 487억 2450만 1572 ➡

2 3조 5242억 1450만 257 ➡

3 14조 2750억 495만 6254 ➡

4 38조 1576억 2465만 571 ➡

5 148조 947억 627만 1429 ➡

6 542조 1275억 120만 4159 ➡

7 6210조 470억 1357만 2473 ➡

8 7108조 1627억 2964만 1378 ➡

보기 와 같이 수로 나타내시오. (9~16)

> **보기**
>
> 125689752364750 ➡ 125조 6897억 5236만 4750

9 2356785642850 ➡ ☐ 조 ☐ 억 ☐ 만 ☐

10 9852065271238 ➡ ☐ 조 ☐ 억 ☐ 만 ☐

11 13658975683056 ➡ ☐ 조 ☐ 억 ☐ 만 ☐

12 38058796354589 ➡ ☐ 조 ☐ 억 ☐ 만 ☐

13 658745632852500 ➡ ☐ 조 ☐ 억 ☐ 만 ☐

14 987458606853217 ➡ ☐ 조 ☐ 억 ☐ 만 ☐

15 3278951786294583 ➡ ☐ 조 ☐ 억 ☐ 만 ☐

16 8852369871259536 ➡ ☐ 조 ☐ 억 ☐ 만 ☐

⏰ 수를 읽어 보시오. (1~7)

1 32565800000000

➡ (　　　　　　　　　　　　　　　　　　　　　　　　)

2 16368700000000

➡ (　　　　　　　　　　　　　　　　　　　　　　　　)

3 626582100000000

➡ (　　　　　　　　　　　　　　　　　　　　　　　　)

4 364102895000000

➡ (　　　　　　　　　　　　　　　　　　　　　　　　)

5 645425823000000

➡ (　　　　　　　　　　　　　　　　　　　　　　　　)

6 8368542103690000

➡ (　　　　　　　　　　　　　　　　　　　　　　　　)

7 3125865741500000

➡ (　　　　　　　　　　　　　　　　　　　　　　　　)

걸린 시간	1~8분	8~12분	12~16분
맞은 개수	13~14개	11~12개	1~10개
평가	참 잘했어요.	잘했어요.	좀더 노력해요.

수로 나타내시오. (8 ~ 14)

8 사십이조 오천구백억 사천이백오십만

➡ (　　　　　　　　　　　　　　　　　　　　　　)

9 십칠조 팔십오억 육천사백이만

➡ (　　　　　　　　　　　　　　　　　　　　　　)

10 사백이십오조 이백삼억 이천팔백만

➡ (　　　　　　　　　　　　　　　　　　　　　　)

11 백육십오조 사천칠백구억 백이십칠만 구천사백오십

➡ (　　　　　　　　　　　　　　　　　　　　　　)

12 육백이십오조 칠천구백이십억 사백칠십이만 사천팔십이

➡ (　　　　　　　　　　　　　　　　　　　　　　)

13 천육백이십오조 오천이백사십오억 칠천구백사십오만 사천이백십팔

➡ (　　　　　　　　　　　　　　　　　　　　　　)

14 구천사백삼조 삼천이백육십오억 구백육십오만 천칠백구십일

➡ (　　　　　　　　　　　　　　　　　　　　　　)

5 뛰어 세기 (1)

- ★의 자리 숫자가 1씩 커지면 ★씩 뛰어 센 것입니다.

  52만－62만－72만 ➡ 10만씩 뛰어 세기 했습니다.

- 10배씩 뛰어 세기: 10배를 하면 수의 뒤에 0이 1개씩 더 붙습니다.

  20만 $\xrightarrow{10배}$ 200만 $\xrightarrow{10배}$ 2000만

 □ 안에 알맞은 수를 써넣으시오. (1~4)

1

35000	45000	55000	65000	75000

만의 자리의 숫자가 1씩 커지므로 [ ]씩 뛰어서 센 것입니다.

2

135700	235700	335700	435700	535700

십만의 자리의 숫자가 1씩 커지므로 [ ]씩 뛰어서 센 것입니다.

3

246억	256억	266억	276억	286억

십억의 자리 숫자가 1씩 커지므로 [ ]억씩 뛰어서 센 것입니다.

4

1328조	1428조	1528조	1628조	1728조

백조의 자리 숫자가 1씩 커지므로 [ ]조씩 뛰어서 센 것입니다.

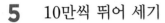 뛰어 세기를 했습니다. 빈 곳에 알맞은 수를 써넣으시오. (5~10)

5 10만씩 뛰어 세기

| 145만 | 155만 | | | |

6 1000만씩 뛰어 세기

| 4625만 | 5625만 | | | |

7 100억씩 뛰어 세기

| 595억 | 695억 | | | |

8 1000억씩 뛰어 세기

| 2468억 | 3468억 | | | |

9 10조씩 뛰어 세기

| 775조 | 785조 | | | |

10 100조씩 뛰어 세기

| 1654조 | 1754조 | | | |

5 뛰어 세기(2)

학습 날짜

월   일

🕐 뛰어 세기를 했습니다. 빈 곳에 알맞은 수를 써넣으시오. (1~8)

1

57000	67000	77000		

2

37259	47259	57259		

3

142857	242857	342857		

4

125억	135억	145억		

5

478억	479억	480억		

6

6451억	6551억	6651억		

7

379조	380조	381조		

8

4625조	4725조	4825조		

계산은 빠르고 정확하게!

걸린 시간	1~5분	5~7분	7~10분
맞은 개수	13~14개	10~12개	1~9개
평가	참 잘했어요.	잘했어요.	좀더 노력해요.

🕐 규칙을 쓰고 뛰어서 세어 보시오. (9~14)

9 [규칙] [　] 씩 뛰어 세기

| 1259만 | 1359만 | [　] | 1559만 | [　] |

10 [규칙] [　] 씩 뛰어 세기

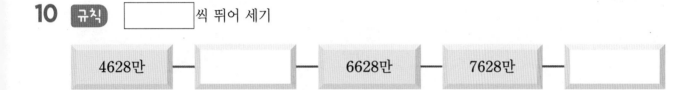

| 4628만 | [　] | 6628만 | 7628만 | [　] |

11 [규칙] [　] 씩 뛰어 세기

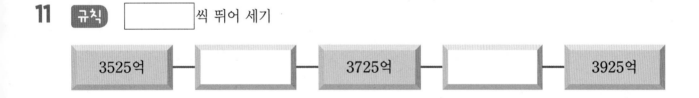

| 3525억 | [　] | 3725억 | [　] | 3925억 |

12 [규칙] [　] 씩 뛰어 세기

| 8942억 | 9042억 | [　] | [　] | 9342억 |

13 [규칙] [　] 씩 뛰어 세기

| 1457조 | [　] | [　] | 1757조 | 1857조 |

14 [규칙] [　] 씩 뛰어 세기

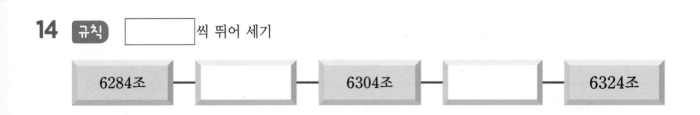

| 6284조 | [　] | 6304조 | [　] | 6324조 |

5 뛰어 세기(3)

⏰ 빈 곳에 알맞은 수를 써넣으시오. (1~6)

1

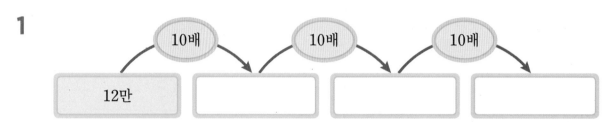

12만 → 10배 → ☐ → 10배 → ☐ → 10배 → ☐

2

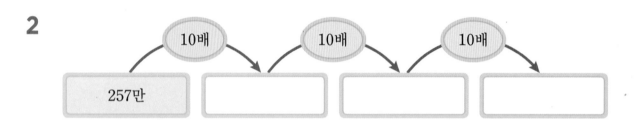

257만 → 10배 → ☐ → 10배 → ☐ → 10배 → ☐

3

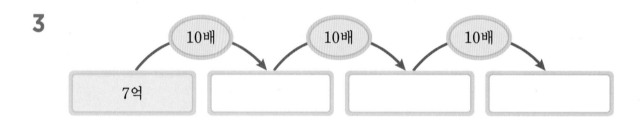

7억 → 10배 → ☐ → 10배 → ☐ → 10배 → ☐

4

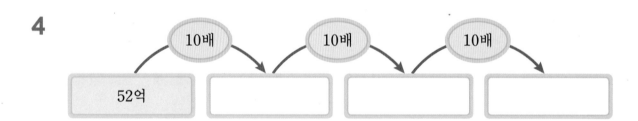

52억 → 10배 → ☐ → 10배 → ☐ → 10배 → ☐

5

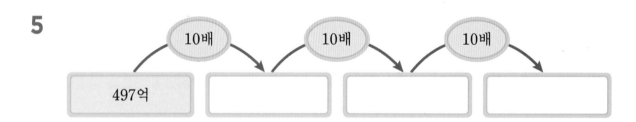

497억 → 10배 → ☐ → 10배 → ☐ → 10배 → ☐

6

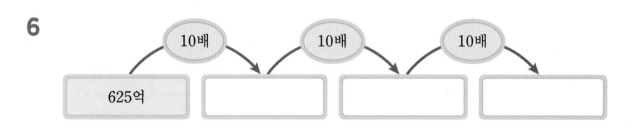

625억 → 10배 → ☐ → 10배 → ☐ → 10배 → ☐

빈 곳에 알맞은 수를 써넣으시오. (7 ~ 12)

7

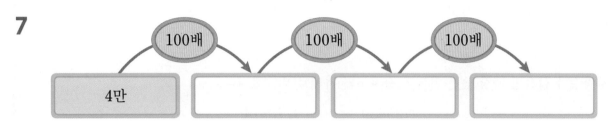

8

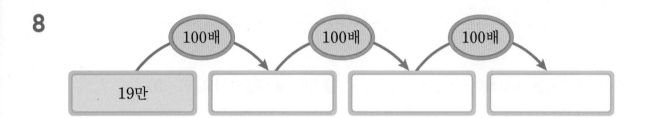

9

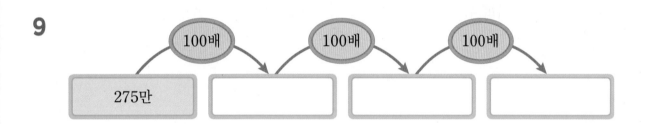

10

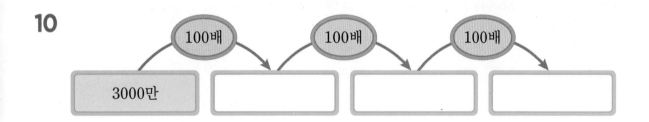

11

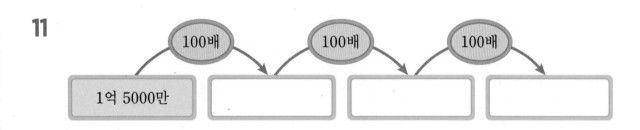

12

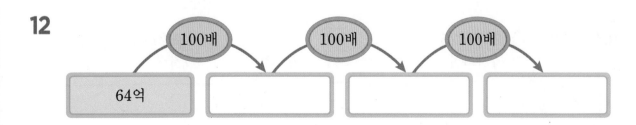

큰 수의 크기 비교하기(1)

- 자릿수가 다를 때에는 자릿수가 많은 쪽이 더 큰 수입니다.

$$34578 \;<\; 125478$$
<u>5자리 수</u>　　　　<u>6자리 수</u>

- 자릿수가 같으면 가장 높은 자리의 숫자부터 차례로 비교합니다.

$$4725629 \;>\; 4718974$$

2>1

⏰ 두 수의 크기를 비교하여 ○ 안에 >, =, < 를 알맞게 써넣으시오. (1~8)

1　364568 ○ 1589745
　　6자리 수　　　7자리 수

　　　　6 ○ 7

2　963258 ○ 58625
　　6자리 수　　5자리 수

　　　　6 ○ 5

3　1057894 ○ 368475
　　7자리 수　　　6자리 수

　　　　7 ○ 6

4　32598740 ○ 359874
　　8자리 수　　　6자리 수

　　　　8 ○ 6

5　42587 ○ 1357625
　　5자리 수　　　7자리 수

　　　　5 ○ 7

6　258769 ○ 48765
　　6자리 수　　5자리 수

　　　　6 ○ 5

7　10472498 ○ 3874625
　　8자리 수　　　7자리 수

　　　　8 ○ 7

8　410364 ○ 2862170
　　6자리 수　　　7자리 수

　　　　6 ○ 7

두 수의 크기를 비교하여 ○ 안에 >, =, < 를 알맞게 써넣으시오. **(9 ~ 20)**

9 198572 ○ 182568

　　　9 ○ 8

10 6598714 ○ 6598720

　　　1 ○ 2

11 2589635 ○ 3059874

　　　2 ○ 3

12 8652698 ○ 9012368

　　　8 ○ 9

13 472568 ○ 471962

　　　2 ○ 1

14 6974180 ○ 6892754

　　　9 ○ 8

15 1357948 ○ 1357950

　　　4 ○ 5

16 62794752 ○ 71230813

　　　6 ○ 7

17 78억 2450만 ○ 79억 150만

　　　8 ○ 9

18 5억 4700만 ○ 5억 2950만

　　　4 ○ 2

19 1조 6500억 ○ 1조 6350억

　　　5 ○ 3

20 27조 300억 ○ 28조 100억

　　　7 ○ 8

🕐 두 수의 크기를 비교하여 ◯ 안에 >, =, <를 알맞게 써넣으시오. (1~10)

1 6574258273 ◯ 6573542678

2 8765439872 ◯ 9782458730

3 123856415786 ◯ 125369856974

4 257436804762 ◯ 257436816954

5 315400247158 ◯ 315398761358

6 695478796928 ◯ 695478796931

7 1307426365873 ◯ 1307426065979

8 5681029416328 ◯ 5682674129567

9 474480208340000 ◯ 474450283240000

10 2488135956840000 ◯ 2478057265984789

🕐 **두 수의 크기를 비교하여 ○ 안에 >, =, <를 알맞게 써넣으시오. (11~20)**

11 125억 3700만 ◯ 125억 4000만

12 9조 1450억 2450만 ◯ 8조 6235억 4785만

13 28억 7850만 ◯ 2889204580

14 127조 1580억 ◯ 127162500000000

15 36578509657 ◯ 365억 980만 7500

16 97154624580000 ◯ 97조 1546억 3000만

17 258억 2658만 ◯ 삼백이십오억 사천칠백오십만

18 7조 4500억 ◯ 칠조 사천팔백육십오억

19 팔십오조 육천사백오십억 ◯ 85조 6450만 8706

20 백육십팔조 오천구백칠십억 ◯ 168조 5970억 1560만

⏰ 규칙 에 따라 빈 곳에 알맞은 수를 써넣으시오. (1~6)

규칙

→ : 1만씩 뛰어 세기   ← : 1억씩 뛰어 세기

↓ : 10만씩 뛰어 세기   ↑ : 10억씩 뛰어 세기

1
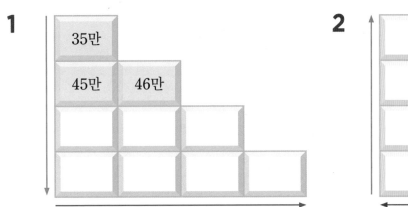

2
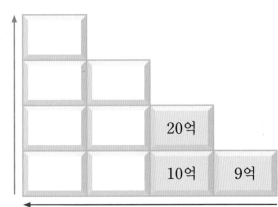

3
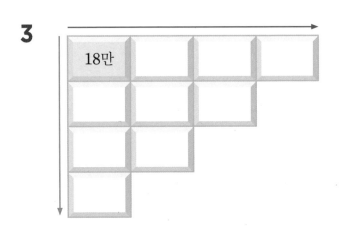

4
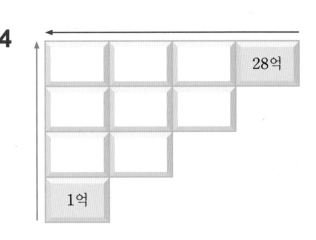

5
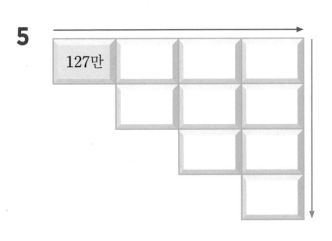

6
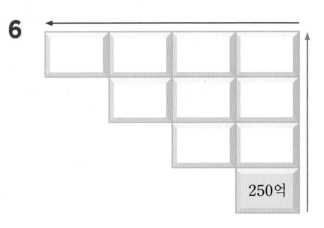

계산은 빠르고 정확하게!

걸린 시간	1~10분	10~15분	15~20분
맞은 개수	8~9개	6~7개	1~5개
평가	참 잘했어요.	잘했어요.	좀더 노력해요.

고대 이집트에서 수를 표현하는 방법을 나타낸 표입니다. 표를 보고 보기 와 같이 나타내시오.
(7~9)

수	고대 이집트 숫자	설명
1			막대기 모양
10	∩	말발굽 모양
100	ꝃ	밧줄을 둥그렇게 감은 모양
1000		나일 강에 피어 있는 연꽃 모양
10000		하늘을 가리키는 손가락 모양
100000		나일 강에서 사는 올챙이 모양
1000000		너무 놀라 양손을 하늘로 들어 올린 사람 모양

보기

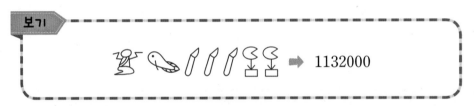 → 1132000

7  ➡ ☐

8 ☐ ➡ ☐

9  ➡ ☐

🕐 □ 안에 알맞은 수를 써넣으시오. (1~5)

1

10000이 6개
1000이 2개
100이 5개 ─ 이면 □
10이 7개
1이 3개

2

10000이 7개
1000이 3개
100이 6개 ─ 이면 □
10이 5개
1이 8개

3
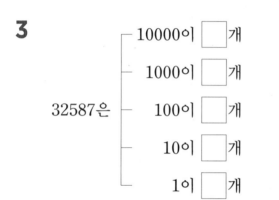

32587은
10000이 □ 개
1000이 □ 개
100이 □ 개
10이 □ 개
1이 □ 개

4
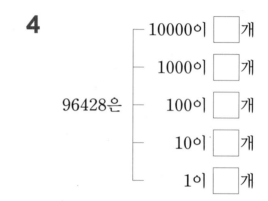

96428은
10000이 □ 개
1000이 □ 개
100이 □ 개
10이 □ 개
1이 □ 개

5

만의 자리	천의 자리	백의 자리	십의 자리	일의 자리
4	9	5	7	2

49572 = □ + □ + □ + □ + □

6 보기 와 같이 나타내시오.

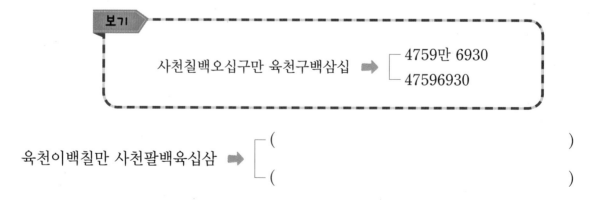

보기

사천칠백오십구만 육천구백삼십 ➡ 4759만 6930
47596930

육천이백칠만 사천팔백육십삼 ➡ (　　　　　　　　)
(　　　　　　　　)

걸린 시간	1~15분	15~20분	20~25분
맞은 개수	25~27개	19~24개	1~18개
평가	참 잘했어요.	잘했어요.	좀더 노력해요.

□ 안에 알맞은 수를 써넣으시오. (7 ~ 18)

7 만이 159개, 일이 2470개인 수 ➡ □

8 만이 1458개, 일이 6257개인 수 ➡ □

9 억이 68개, 만이 1250개인 수 ➡ □

10 억이 125개, 만이 450개인 수 ➡ □

11 조가 3개, 억이 4500개인 수 ➡ □

12 조가 76개, 억이 800개인 수 ➡ □

13 2494708 ➡ 만이 □개, 일이 □개인 수

14 27504583 ➡ 만이 □개, 일이 □개인 수

15 4257200000 ➡ 억이 □개, 만이 □개인 수

16 62954720000 ➡ 억이 □개, 만이 □개인 수

17 2462300000000 ➡ 조가 □개, 억이 □개인 수

18 94072500000000 ➡ 조가 □개, 억이 □개인 수

🕐 빈 곳에 알맞은 수를 써넣으시오. (19 ~ 22)

19
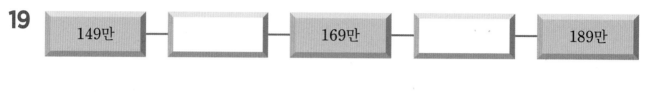

| 149만 | | 169만 | | 189만 |

20

| 2405억 | | | | 2805억 |

21

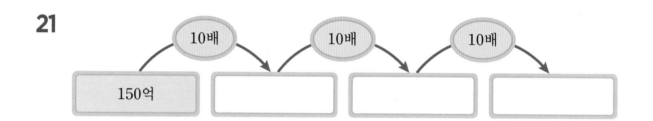

150억 ──10배──▶ ──10배──▶ ──10배──▶

22

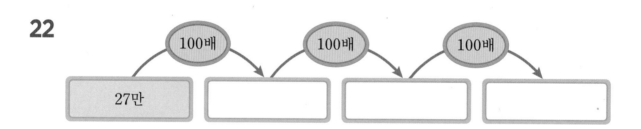

27만 ──100배──▶ ──100배──▶ ──100배──▶

🕐 두 수의 크기를 비교하여 ○ 안에 >, =, <를 알맞게 써넣으시오. (23 ~ 27)

23 769345 ◯ 57631

24 7557816 ◯ 7557912

25 25조 682억 5800만 ◯ 25158247500000

26 17조 1258억 ◯ 1712580000000

27 육백십구억 오백구십이만 ◯ 62138517628

2

각도

각도의 합(1)

각도의 합은 자연수의 덧셈과 같은 방법으로 계산합니다.

$$20° + 35° = 55°$$

$$20 + 35 = 55$$

⏰ □ 안에 알맞은 수를 써넣으시오. (1~6)

1

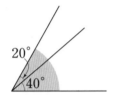

$$40° + 20° = \boxed{}°$$

2

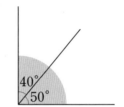

$$50° + 40° = \boxed{}°$$

3

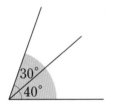

$$40° + 30° = \boxed{}°$$

4

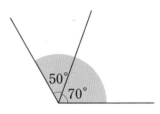

$$70° + 50° = \boxed{}°$$

5

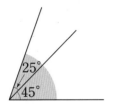

$$45° + 25° = \boxed{}°$$

6

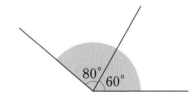

$$60° + 80° = \boxed{}°$$

⏰ □ 안에 알맞은 수를 써넣으시오. (7~14)

7

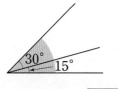

$15° + 30° = \boxed{}°$

8

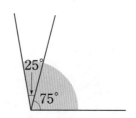

$75° + 25° = \boxed{}°$

9

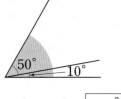

$10° + 50° = \boxed{}°$

10

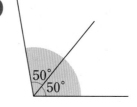

$50° + 50° = \boxed{}°$

11

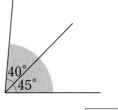

$45° + 40° = \boxed{}°$

12

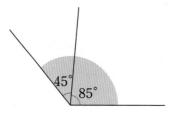

$85° + 45° = \boxed{}°$

13

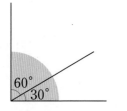

$30° + 60° = \boxed{}°$

14

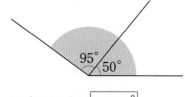

$50° + 95° = \boxed{}°$

1 각도의 합(2)

⏰ □ 안에 알맞은 수를 써넣으시오. (1~5)

1

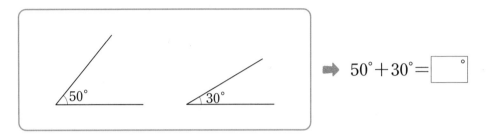

➡ $50° + 30° = $ □°

2

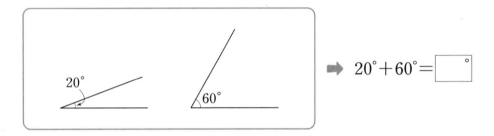

➡ $20° + 60° = $ □°

3

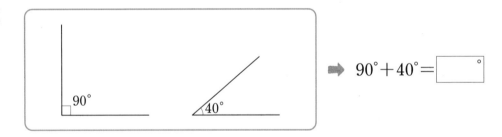

➡ $90° + 40° = $ □°

4

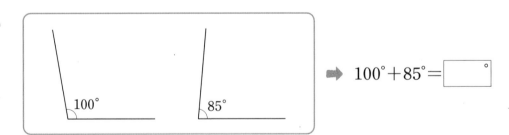

➡ $100° + 85° = $ □°

5

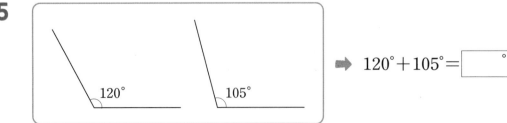

➡ $120° + 105° = $ □°

⏰ 두 각도의 합을 구하시오. (6~10)

6

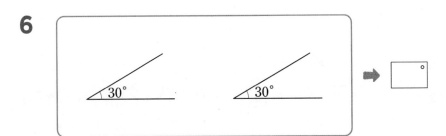

➡ ▭°

7

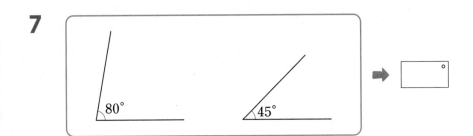

➡ ▭°

8

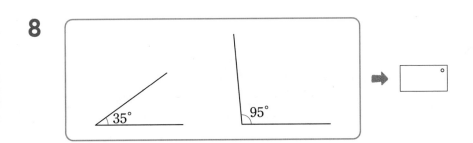

➡ ▭°

9

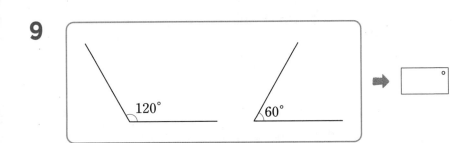

➡ ▭°

10

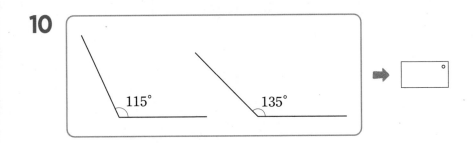

➡ ▭°

각도의 합(3)

⏰ □ 안에 알맞은 수를 써넣으시오. (1~14)

1 $20° + 30° = \boxed{}°$

$20 + 30 = \boxed{}$

2 $45° + 35° = \boxed{}°$

$45 + 35 = \boxed{}$

3 $60° + 15° = \boxed{}°$

$60 + 15 = \boxed{}$

4 $30° + 55° = \boxed{}°$

$30 + 55 = \boxed{}$

5 $45° + 50° = \boxed{}°$

$45 + 50 = \boxed{}$

6 $15° + 70° = \boxed{}°$

$15 + 70 = \boxed{}$

7 $80° + 90° = \boxed{}°$

$80 + 90 = \boxed{}$

8 $65° + 75° = \boxed{}°$

$65 + 75 = \boxed{}$

9 $100° + 70° = \boxed{}°$

$100 + 70 = \boxed{}$

10 $95° + 95° = \boxed{}°$

$95 + 95 = \boxed{}$

11 $120° + 135° = \boxed{}°$

$120 + 135 = \boxed{}$

12 $145° + 105° = \boxed{}°$

$145 + 105 = \boxed{}$

13 $110° + 130° = \boxed{}°$

$110 + 130 = \boxed{}$

14 $135° + 165° = \boxed{}°$

$135 + 165 = \boxed{}$

걸린 시간	1~8분	8~10분	10~12분
맞은 개수	30~34개	23~29개	1~22개
평가	참 잘했어요.	잘했어요.	좀더 노력해요.

각도의 합을 구하시오. (15 ~ 34)

15 $15^\circ+15^\circ$

16 $20^\circ+45^\circ$

17 $25^\circ+30^\circ$

18 $40^\circ+45^\circ$

19 $35^\circ+50^\circ$

20 $10^\circ+85^\circ$

21 $65^\circ+55^\circ$

22 $80^\circ+90^\circ$

23 $75^\circ+75^\circ$

24 $70^\circ+95^\circ$

25 $110^\circ+70^\circ$

26 $125^\circ+75^\circ$

27 $30^\circ+140^\circ$

28 $40^\circ+115^\circ$

29 $110^\circ+165^\circ$

30 $105^\circ+115^\circ$

31 $140^\circ+120^\circ$

32 $155^\circ+115^\circ$

33 $135^\circ+145^\circ$

34 $175^\circ+180^\circ$

2 각도의 차(1)

각도의 차는 자연수의 뺄셈과 같은 방법으로 계산합니다.

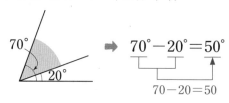

$$70° - 20° = 50°$$

$70 - 20 = 50$

⏰ ☐ 안에 알맞은 수를 써넣으시오. (1~6)

1

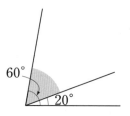

$60° - 20° = \boxed{}°$

2

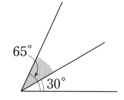

$65° - 30° = \boxed{}°$

3

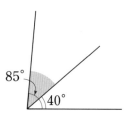

$85° - 40° = \boxed{}°$

4

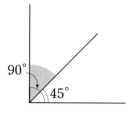

$90° - 45° = \boxed{}°$

5

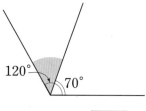

$120° - 70° = \boxed{}°$

6

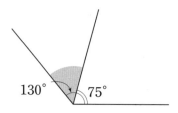

$130° - 75° = \boxed{}°$

계산은 빠르고 정확하게!

걸린 시간	1~3분	3~5분	5~7분
맞은 개수	15~16개	12~14개	1~11개
평가	참 잘했어요.	잘했어요.	좀더 노력해요.

⏰ □ 안에 알맞은 수를 써넣으시오. (7~16)

7

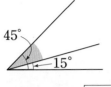

$45° - 15° = \boxed{}°$

8

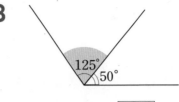

$125° - 50° = \boxed{}°$

9

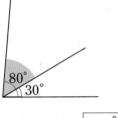

$80° - 30° = \boxed{}°$

10

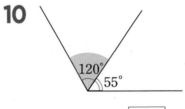

$120° - 55° = \boxed{}°$

11

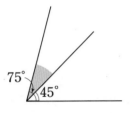

$75° - 45° = \boxed{}°$

12

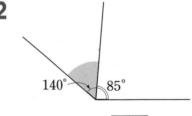

$140° - 85° = \boxed{}°$

13

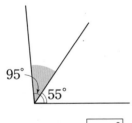

$95° - 55° = \boxed{}°$

14

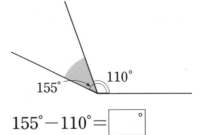

$155° - 110° = \boxed{}°$

15

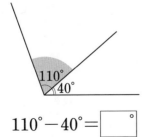

$110° - 40° = \boxed{}°$

16

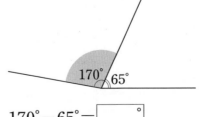

$170° - 65° = \boxed{}°$

2 각도의 차(2)

⏰ ☐ 안에 알맞은 수를 써넣으시오. (1~5)

1

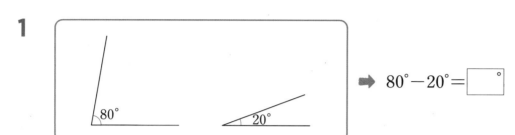

➡ $80° - 20° = \boxed{}°$

2

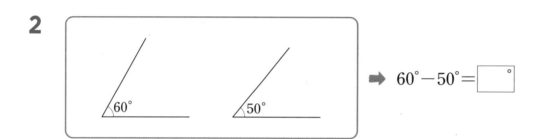

➡ $60° - 50° = \boxed{}°$

3

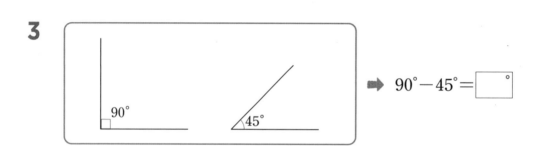

➡ $90° - 45° = \boxed{}°$

4

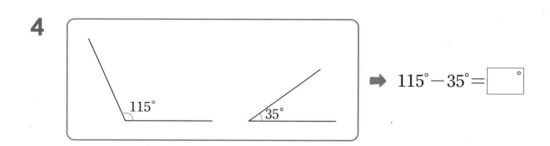

➡ $115° - 35° = \boxed{}°$

5

➡ $145° - 105° = \boxed{}°$

⏰ 두 각도의 차를 구하시오. (6 ~ 10)

6

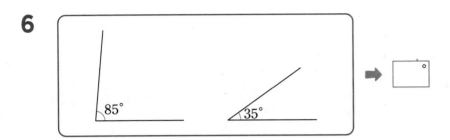

➡ ☐°

7

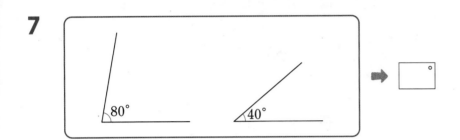

➡ ☐°

8

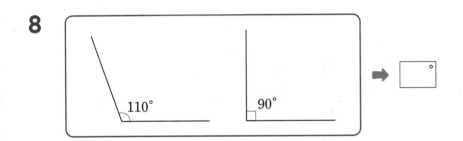

➡ ☐°

9

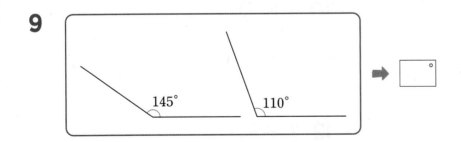

➡ ☐°

10

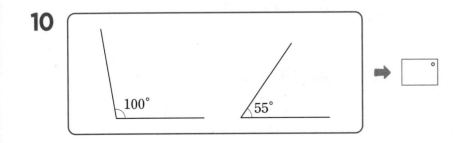

➡ ☐°

2 각도의 차(3)

⏰ ☐ 안에 알맞은 수를 써넣으시오. (1~14)

1 $60° - 30° = \boxed{}°$

$60 - 30 = \boxed{}$

2 $75° - 50° = \boxed{}°$

$75 - 50 = \boxed{}$

3 $90° - 60° = \boxed{}°$

$90 - 60 = \boxed{}$

4 $85° - 45° = \boxed{}°$

$85 - 45 = \boxed{}$

5 $70° - 15° = \boxed{}°$

$70 - 15 = \boxed{}$

6 $95° - 55° = \boxed{}°$

$95 - 55 = \boxed{}$

7 $100° - 65° = \boxed{}°$

$100 - 65 = \boxed{}$

8 $105° - 45° = \boxed{}°$

$105 - 45 = \boxed{}$

9 $110° - 70° = \boxed{}°$

$110 - 70 = \boxed{}$

10 $130° - 95° = \boxed{}°$

$130 - 95 = \boxed{}$

11 $115° - 100° = \boxed{}°$

$115 - 100 = \boxed{}$

12 $140° - 85° = \boxed{}°$

$140 - 85 = \boxed{}$

13 $175° - 85° = \boxed{}°$

$175 - 85 = \boxed{}$

14 $195° - 110° = \boxed{}°$

$195 - 110 = \boxed{}$

계산은 빠르고 정확하게!

걸린 시간	1~6분	6~9분	9~12분
맞은 개수	30~34개	23~29개	1~22개
평가	참 잘했어요.	잘했어요.	좀더 노력해요.

각도의 차를 구하시오. (15 ~ 34)

15 $30° - 15°$

16 $70° - 35°$

17 $65° - 55°$

18 $95° - 50°$

19 $55° - 15°$

20 $85° - 20°$

21 $110° - 70°$

22 $125° - 65°$

23 $145° - 90°$

24 $175° - 95°$

25 $185° - 45°$

26 $185° - 75°$

27 $120° - 95°$

28 $165° - 80°$

29 $135° - 105°$

30 $170° - 125°$

31 $175° - 120°$

32 $150° - 125°$

33 $180° - 145°$

34 $195° - 115°$

3 삼각형의 세 각의 크기의 합(1)

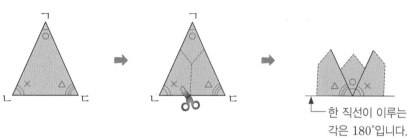

한 직선이 이루는
각은 180°입니다.

삼각형 ㄱㄴㄷ을 그림과 같이 잘라서 삼각형의 꼭짓점이 한 점에 모이도록 이어 붙여 보면 모두 직선 위에 꼭 맞추어집니다.

➡ 삼각형의 세 각의 크기의 합은 180°입니다.

삼각형의 세 각의 크기의 합을 구하려고 합니다. ☐ 안에 알맞은 수를 써넣으시오. (1~3)

1
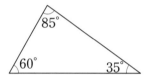

(삼각형의 세 각의 크기의 합)
$= 85° + 60° + 35°$
$= \boxed{}°$

2
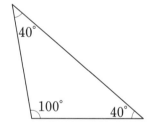

(삼각형의 세 각의 크기의 합)
$= 100° + \boxed{}° + \boxed{}°$
$= \boxed{}°$

3
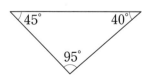

(삼각형의 세 각의 크기의 합)
$= \boxed{}° + \boxed{}° + \boxed{}°$
$= \boxed{}°$

□ 안에 알맞은 수를 써넣으시오. (4~13)

4
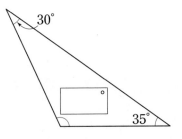

5
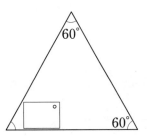

6
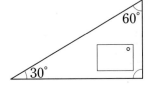

7

8
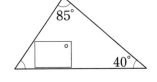

9
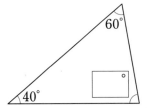

10
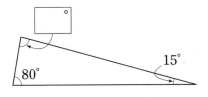

11
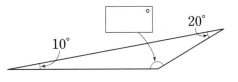

12
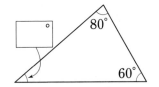

13
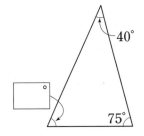

⏰ 삼각형에서 ㉠과 ㉡의 각도의 합을 구하시오. (1~5)

1

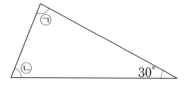

$㉠+㉡=180°-30°=\boxed{}°$

2

$㉠+㉡=180°-\boxed{}°=\boxed{}°$

3

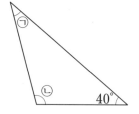

$㉠+㉡=180°-\boxed{}°=\boxed{}°$

4

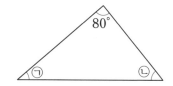

$㉠+㉡=\boxed{}°-\boxed{}°=\boxed{}°$

5

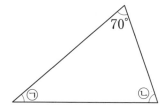

$㉠+㉡=\boxed{}°-\boxed{}°=\boxed{}°$

계산은 빠르고 정확하게!

걸린 시간	1~3분	3~5분	5~7분
맞은 개수	14~15개	11~13개	1~10개
평가	참 잘했어요.	잘했어요.	좀더 노력해요.

⏰ 삼각형에서 ㉠과 ㉡의 각도의 합을 구하시오. (6 ~ 15)

6
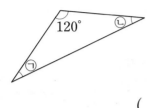
(   )

7
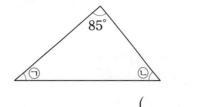
(   )

8
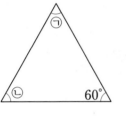
(   )

9
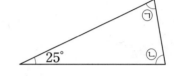
(   )

10
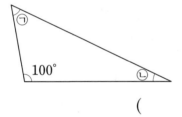
(   )

11
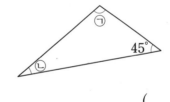
(   )

12
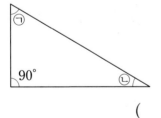
(   )

13
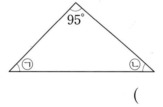
(   )

14
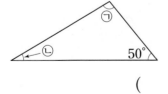
(   )

15
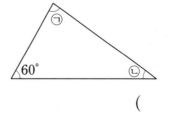
(   )

3 삼각형의 세 각의 크기의 합(3)

학습 날짜

월   일

⏰ 삼각형의 두 각의 크기가 다음과 같을 때 나머지 한 각의 크기를 구하시오. (1~10)

1 | 25° 30° |

(   )

2 | 60° 45° |

(   )

3 | 50° 40° |

(   )

4 | 35° 55° |

(   )

5 | 100° 15° |

(   )

6 | 120° 30° |

(   )

7 | 95° 30° |

(   )

8 | 45° 35° |

(   )

9 | 80° 90° |

(   )

10 | 60° 25° |

(   )

계산은 빠르고 정확하게!

걸린 시간	1~5분	5~8분	8~10분
맞은 개수	18~20개	14~17개	1~13개
평가	참 잘했어요.	잘했어요.	좀더 노력해요.

⏰ ☐ 안에 알맞은 수를 써넣으시오. (11 ~ 20)

11

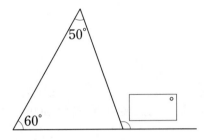

12

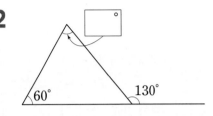

13

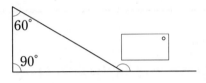

14

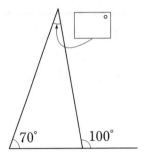

15

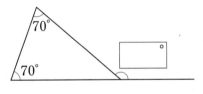

16

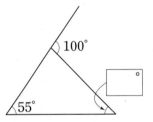

17

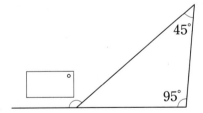

18

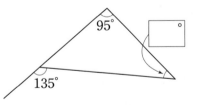

19

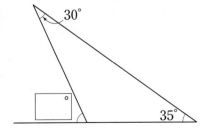

20

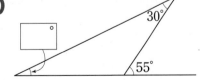

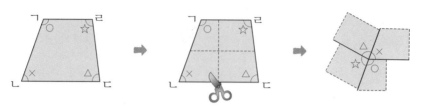

사각형 ㄱㄴㄷㄹ을 그림과 같이 잘라서 사각형의 꼭짓점이 한 점에 모이도록 이어 붙여 보면
네 각의 크기의 합은 원을 한 바퀴 돈 것과 같음을 알 수 있습니다.

➡ 사각형의 네 각의 크기의 합은 360°입니다.

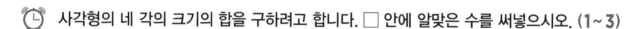

⏰ 사각형의 네 각의 크기의 합을 구하려고 합니다. □ 안에 알맞은 수를 써넣으시오. (1~3)

1

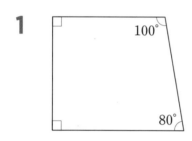

(사각형의 네 각의 크기의 합)

$= 90° + 90° + 100° + 80°$

$= \boxed{}°$

2

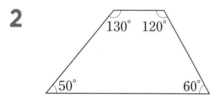

(사각형의 네 각의 크기의 합)

$= 130° + 120° + \boxed{}° + \boxed{}°$

$= \boxed{}°$

3

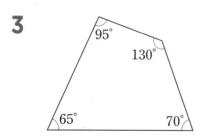

(사각형의 네 각의 크기의 합)

$= \boxed{}° + \boxed{}° + \boxed{}° + \boxed{}°$

$= \boxed{}°$

□ 안에 알맞은 수를 써넣으시오. (4 ~ 13)

4

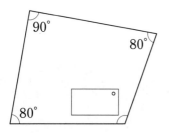

5

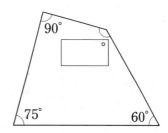

6

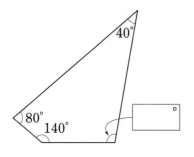

7

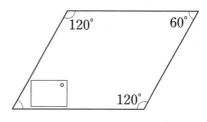

8

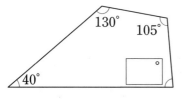

9

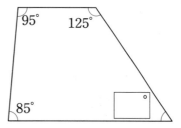

10

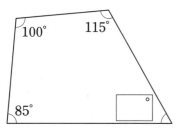

11

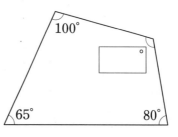

12

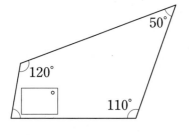

13

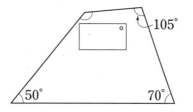

4 사각형의 네 각의 크기의 합(2)

⏰ 사각형에서 ㉠과 ㉡의 각도의 합을 구하시오. (1~5)

1

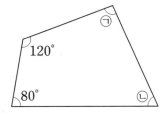

$㉠+㉡=360°-120°-80°=\boxed{}°$

2

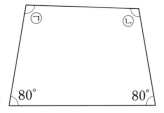

$㉠+㉡=360°-80°-\boxed{}°=\boxed{}°$

3

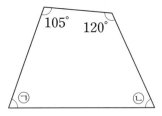

$㉠+㉡=360°-\boxed{}°-\boxed{}°=\boxed{}°$

4

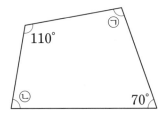

$㉠+㉡=\boxed{}°-\boxed{}°-\boxed{}°=\boxed{}°$

5

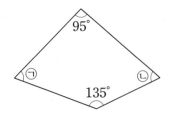

$㉠+㉡=\boxed{}°-\boxed{}°-\boxed{}°=\boxed{}°$

계산은 빠르고 정확하게!

걸린 시간	1~4분	4~6분	6~8분
맞은 개수	14~15개	11~13개	1~10개
평가	참 잘했어요.	잘했어요.	좀더 노력해요.

⏰ 사각형에서 ㉠과 ㉡의 각도의 합을 구하시오. (6 ~ 15)

6
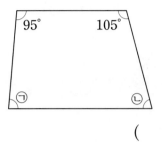
(   )

7
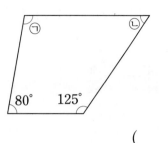
(   )

8
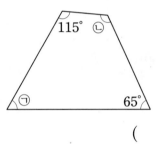
(   )

9
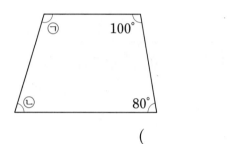
(   )

10
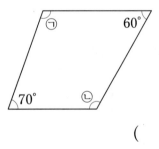
(   )

11
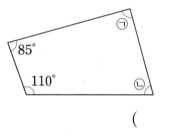
(   )

12
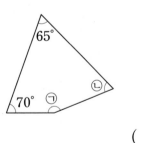
(   )

13
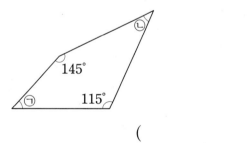
(   )

14
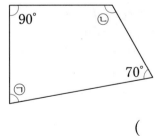
(   )

15
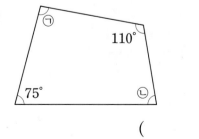
(   )

🕐 사각형의 세 각의 크기가 다음과 같을 때 나머지 한 각의 크기를 구하시오. (1~10)

1 | 60° | 50° | 80° |

( )

2 | 45° | 55° | 95° |

( )

3 | 65° | 70° | 90° |

( )

4 | 75° | 80° | 75° |

( )

5 | 50° | 140° | 55° |

( )

6 | 120° | 70° | 100° |

( )

7 | 115° | 95° | 35° |

( )

8 | 120° | 100° | 90° |

( )

9 | 15° | 65° | 145° |

( )

10 | 135° | 75° | 100° |

( )

계산은 빠르고 정확하게!

걸린 시간	1~6분	6~9분	9~12분
맞은 개수	18~20개	14~17개	1~13개
평가	참 잘했어요.	잘했어요.	좀더 노력해요.

 □ 안에 알맞은 수를 써넣으시오. (11~20)

11

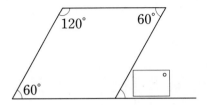

12

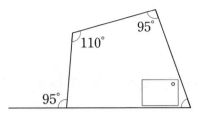

13

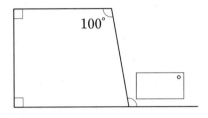

14

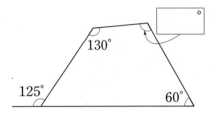

15

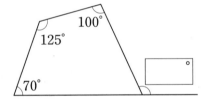

16

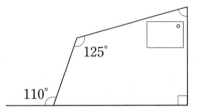

17

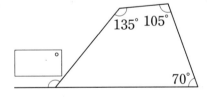

18

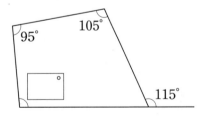

19

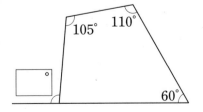

20

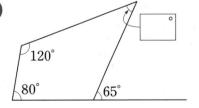

5 신기한 연산

⏰ 두 직각 삼각자를 이어 붙이거나 겹쳐서 ㉠을 만든 것입니다. ㉠의 각도를 구하시오. **(1~6)**

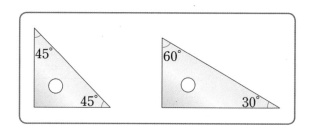

1

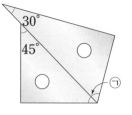

$㉠ = 45° + 60° = \boxed{}°$

2

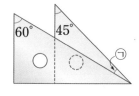

$㉠ = 45° - 30° = \boxed{}°$

3

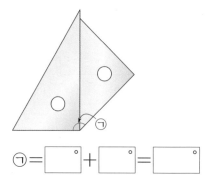

$㉠ = \boxed{}° + \boxed{}° = \boxed{}°$

4

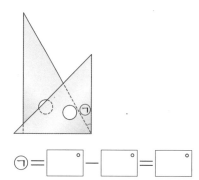

$㉠ = \boxed{}° - \boxed{}° = \boxed{}°$

5

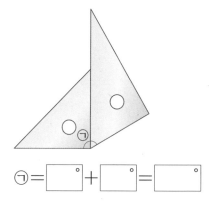

$㉠ = \boxed{}° + \boxed{}° = \boxed{}°$

6

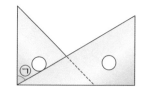

$㉠ = \boxed{}° - \boxed{}° = \boxed{}°$

🕐 도형의 안쪽에 있는 각을 내각이라고 합니다. 보기 를 참고하여 도형의 모든 내각의 크기의 합을 구하시오. **(7 ~ 12)**

보기

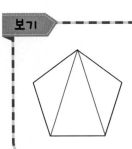

오각형은 삼각형 3개로 나눌 수 있으므로 모든 내각의 크기의 합은 $180° + 180° + 180° = 540°$입니다.

7

(   )

8

(   )

9

(   )

10

(   )

11

(   )

12

(   )

확인 평가

⏰ □ 안에 알맞은 수를 써넣으시오. (1~6)

1

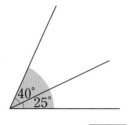

$25° + 40° = \boxed{}°$

2

$80° - 30° = \boxed{}°$

3

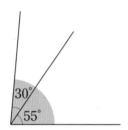

$55° + 30° = \boxed{}°$

4

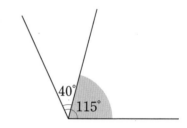

$115° - 40° = \boxed{}°$

5

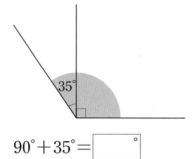

$90° + 35° = \boxed{}°$

6

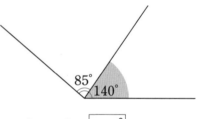

$140° - 85° = \boxed{}°$

⏰ 두 각도의 합과 차를 구하시오. (7~8)

7

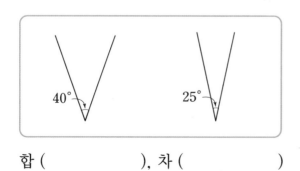

합 (   ), 차 (   )

8

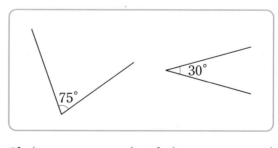

합 (   ), 차 (   )

각도의 합과 차를 구하시오. (9~18)

9 $40° + 70°$

10 $95° - 35°$

11 $35° + 85°$

12 $80° - 25°$

13 $40° + 115°$

14 $70° - 15°$

15 $65° + 120°$

16 $100° - 55°$

17 $125° + 175°$

18 $145° - 105°$

□ 안에 알맞은 수를 써넣으시오. (19~22)

19
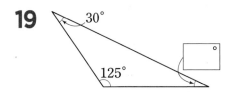

20
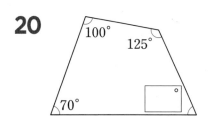

21
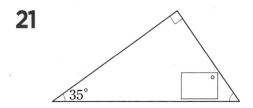

22
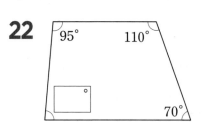

크라운을 도전하세요!

⏰ 도형에서 ㉠과 ㉡의 각도의 합을 구하시오. (23 ~ 24)

23

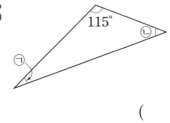

( )

24

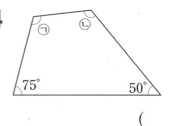

( )

⏰ 삼각형의 두 각이 다음과 같을 때 나머지 한 각의 크기를 구하시오. (25 ~ 26)

25

| 25° | 75° |

( )

26

| 125° | 30° |

( )

⏰ 사각형의 세 각이 다음과 같을 때 나머지 한 각의 크기를 구하시오. (27 ~ 28)

27

( )

28

( )

⏰ ☐ 안에 알맞은 수를 써넣으시오. (29 ~ 30)

29

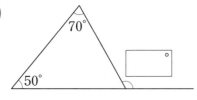

30

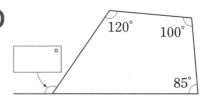

3

곱셈과 나눗셈

1 (몇백)×(몇십),
(몇백몇십)×(몇십)(1)

학습 날짜

월
일

⭐ (몇백)×(몇십)의 계산

0이 3개

$$300 \times 20 = 6000$$

3×2=6

$$\begin{array}{r} 300 \\ \times\ 20 \\ \hline 6000 \end{array}$$ 0이 3개

⭐ (몇백몇십)×(몇십)의 계산

0이 2개

$$230 \times 30 = 6900$$

23×3=69

$$\begin{array}{r} 230 \\ \times\ 30 \\ \hline 6900 \end{array}$$ 0이 2개

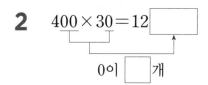 ⏰ □ 안에 알맞은 수를 써넣으시오. (1~8)

1 $200 \times 40 = 8\boxed{}$

0이 $\boxed{}$ 개

2 $400 \times 30 = 12\boxed{}$

0이 $\boxed{}$ 개

3 $240 \times 30 = 72\boxed{}$

0이 $\boxed{}$ 개

4 $150 \times 40 = 60\boxed{}$

0이 $\boxed{}$ 개

5 $300 \times 50 = \boxed{}000$

$3 \times 5 = \boxed{}$

6 $600 \times 40 = \boxed{}000$

$6 \times 4 = \boxed{}$

7 $350 \times 30 = \boxed{}00$

$35 \times 3 = \boxed{}$

8 $460 \times 60 = \boxed{}00$

$46 \times 6 = \boxed{}$

🕐 계산을 하시오. (9 ~ 28)

9 400×40

10 300×60

11 600×70

12 800×50

13 700×30

14 700×80

15 400×90

16 900×20

17 200×80

18 500×60

19 400×70

20 900×60

21 140×30

22 270×40

23 620×40

24 760×20

25 820×60

26 390×50

27 270×80

28 670×70

1 (몇백)×(몇십), (몇백몇십)×(몇십)(2)

학습 날짜

월   일

⏰ ☐ 안에 알맞은 수를 써넣으시오. (1~12)

1
```
      2 0 0 ┐
  ×    6 0 │  0이 ☐ 개
─────────  │
  1 2 ☐ ◄──┘
```

2
```
      3 2 0 ┐
  ×    4 0 │  0이 ☐ 개
─────────  │
  1 2 8 ☐ ◄─┘
```

3
```
      5 0 0 ┐
  ×    7 0 │  0이 ☐ 개
─────────  │
  3 5 ☐ ◄──┘
```

4
```
      4 3 0 ┐
  ×    5 0 │  0이 ☐ 개
─────────  │
  2 1 5 ☐ ◄─┘
```

5
```
      6 0 0
  ×    4 0
─────────
  ☐ 0 0 0
```

6
```
      2 5 0
  ×    3 0
─────────
  ☐ 0 0
```

7
```
      7 0 0
  ×    7 0
─────────
  ☐ 0 0 0
```

8
```
      4 8 0
  ×    6 0
─────────
  ☐ 0 0
```

9
```
      5 0 0
  ×    9 0
─────────
  ☐ 0 0 0
```

10
```
      3 7 0
  ×    5 0
─────────
  ☐ 0 0
```

11
```
      8 0 0
  ×    4 0
─────────
  ☐ 0 0 0
```

12
```
      6 2 0
  ×    6 0
─────────
  ☐ 0 0
```

걸린 시간	1~8분	8~12분	12~16분
맞은 개수	27~30개	21~26개	1~20개
평가	참 잘했어요.	잘했어요.	좀더 노력해요.

⏰ 계산을 하시오. (13~30)

13
$$\begin{array}{r} 900 \\ \times\ \ 40 \\ \hline \end{array}$$

14
$$\begin{array}{r} 700 \\ \times\ \ 30 \\ \hline \end{array}$$

15
$$\begin{array}{r} 500 \\ \times\ \ 30 \\ \hline \end{array}$$

16
$$\begin{array}{r} 900 \\ \times\ \ 60 \\ \hline \end{array}$$

17
$$\begin{array}{r} 300 \\ \times\ \ 90 \\ \hline \end{array}$$

18
$$\begin{array}{r} 200 \\ \times\ \ 70 \\ \hline \end{array}$$

19
$$\begin{array}{r} 500 \\ \times\ \ 40 \\ \hline \end{array}$$

20
$$\begin{array}{r} 600 \\ \times\ \ 60 \\ \hline \end{array}$$

21
$$\begin{array}{r} 700 \\ \times\ \ 20 \\ \hline \end{array}$$

22
$$\begin{array}{r} 370 \\ \times\ \ 40 \\ \hline \end{array}$$

23
$$\begin{array}{r} 270 \\ \times\ \ 50 \\ \hline \end{array}$$

24
$$\begin{array}{r} 420 \\ \times\ \ 30 \\ \hline \end{array}$$

25
$$\begin{array}{r} 670 \\ \times\ \ 40 \\ \hline \end{array}$$

26
$$\begin{array}{r} 540 \\ \times\ \ 50 \\ \hline \end{array}$$

27
$$\begin{array}{r} 620 \\ \times\ \ 70 \\ \hline \end{array}$$

28
$$\begin{array}{r} 970 \\ \times\ \ 50 \\ \hline \end{array}$$

29
$$\begin{array}{r} 490 \\ \times\ \ 80 \\ \hline \end{array}$$

30
$$\begin{array}{r} 730 \\ \times\ \ 40 \\ \hline \end{array}$$

⏰ 빈 곳에 알맞은 수를 써넣으시오. (1~12)

1
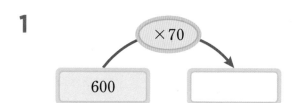

600   ×70

2
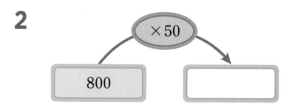

800   ×50

3
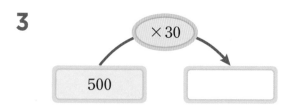

500   ×30

4
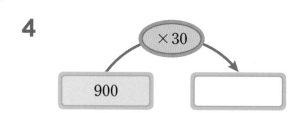

900   ×30

5
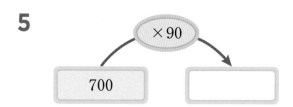

700   ×90

6
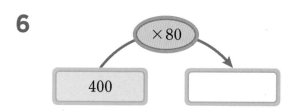

400   ×80

7
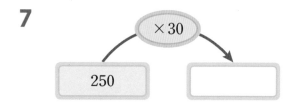

250   ×30

8
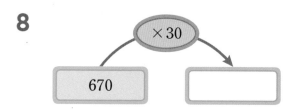

670   ×30

9
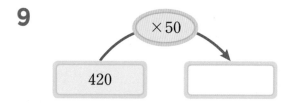

420   ×50

10
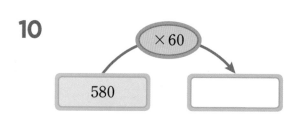

580   ×60

11
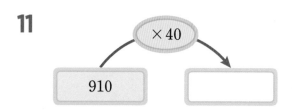

910   ×40

12
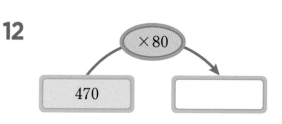

470   ×80

계산은 빠르고 정확하게!

걸린 시간	1~6분	6~9분	9~12분
맞은 개수	20~22개	16~19개	1~15개
평가	참 잘했어요.	잘했어요.	좀더 노력해요.

⏰ □ 안에 알맞은 수를 써넣으시오. (13 ~ 22)

13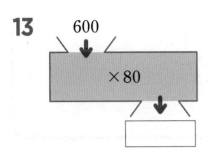

14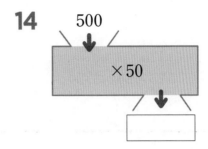

15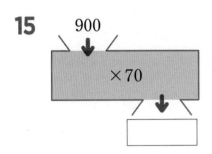

16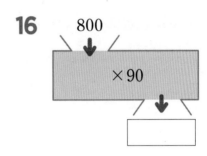

17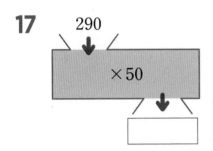

18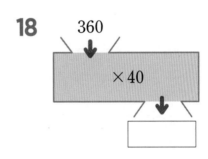

19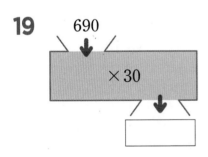

20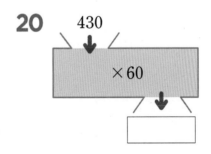

21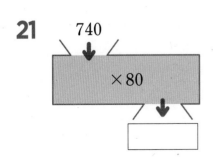

22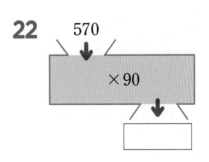

2 (세 자리 수)×(몇십)(1)

(세 자리 수)×(몇십)은 (세 자리 수)×(몇)을 계산한 다음 그 값에 10배를 합니다.

$$125 \times 3 = 375$$
$$125 \times 30 = 3750$$ 10배

$$\begin{array}{r} 125 \\ \times\ \ \ 3 \\ \hline 375 \end{array}$$

$$\begin{array}{r} 125 \\ \times\ \ 30 \\ \hline 3750 \end{array}$$

10배

⏰ □ 안에 알맞은 수를 써넣으시오. (1~8)

1 142×2= ☐
142×20= ☐ ☐ 배

2 254×3= ☐
254×30= ☐ ☐ 배

3 413×4= ☐
413×40= ☐ ☐ 배

4 527×2= ☐
527×20= ☐ ☐ 배

5 132×30=132× ☐ ×10
= ☐ ×10
= ☐

6 297×40=297× ☐ ×10
= ☐ ×10
= ☐

7 356×60=356× ☐ ×10
= ☐ ×10
= ☐

8 612×50=612× ☐ ×10
= ☐ ×10
= ☐

⏰ 계산을 하시오. (9 ~ 28)

9 197×20

10 154×60

11 217×50

12 365×70

13 527×30

14 465×50

15 927×20

16 742×80

17 625×30

18 423×60

19 294×70

20 781×80

21 583×40

22 315×60

23 619×50

24 809×70

25 975×50

26 489×60

27 673×50

28 417×80

(세 자리 수)×(몇십)(2)

⏰ ☐ 안에 알맞은 수를 써넣으시오. (1~10)

1
```
    2 4 6            2 4 6
  ×     3          ×   3 0
  ┌──────┐        ┌──────────┐
  └──────┘        └──────────┘
       ┌──────┐
       └──────┘ 배
```

2
```
    3 1 6            3 1 6
  ×     2          ×   2 0
  ┌──────┐        ┌──────────┐
  └──────┘        └──────────┘
       ┌──────┐
       └──────┘ 배
```

3
```
    5 2 1            5 2 1
  ×     4          ×   4 0
  ┌──────┐        ┌──────────┐
  └──────┘        └──────────┘
       ┌──────┐
       └──────┘ 배
```

4
```
    2 9 5            2 9 5
  ×     7          ×   7 0
  ┌──────┐        ┌──────────┐
  └──────┘        └──────────┘
       ┌──────┐
       └──────┘ 배
```

5
```
    6 2 7            6 2 7
  ×     2          ×   2 0
  ┌──────┐        ┌──────────┐
  └──────┘        └──────────┘
       ┌──────┐
       └──────┘ 배
```

6
```
    7 5 4            7 5 4
  ×     3          ×   3 0
  ┌──────┐        ┌──────────┐
  └──────┘        └──────────┘
       ┌──────┐
       └──────┘ 배
```

7
```
    5 4 7            5 4 7
  ×     4          ×   4 0
  ┌──────┐        ┌──────────┐
  └──────┘        └──────────┘
       ┌──────┐
       └──────┘ 배
```

8
```
    9 1 4            9 1 4
  ×     6          ×   6 0
  ┌──────┐        ┌──────────┐
  └──────┘        └──────────┘
       ┌──────┐
       └──────┘ 배
```

9
```
    7 1 9            7 1 9
  ×     5          ×   5 0
  ┌──────┐        ┌──────────┐
  └──────┘        └──────────┘
       ┌──────┐
       └──────┘ 배
```

10
```
    8 2 4            8 2 4
  ×     6          ×   6 0
  ┌──────┐        ┌──────────┐
  └──────┘        └──────────┘
       ┌──────┐
       └──────┘ 배
```

⏰ □ 안에 알맞은 수를 써넣으시오. (11 ~ 28)

11
```
    1 2 5
  ×   6 0
```

12
```
    2 7 1
  ×   5 0
```

13
```
    4 2 3
  ×   5 0
```

14
```
    5 1 7
  ×   3 0
```

15
```
    6 2 5
  ×   4 0
```

16
```
    4 9 7
  ×   4 0
```

17
```
    8 2 4
  ×   2 0
```

18
```
    7 1 4
  ×   6 0
```

19
```
    2 1 4
  ×   8 0
```

20
```
    4 1 3
  ×   3 0
```

21
```
    6 2 7
  ×   4 0
```

22
```
    8 1 3
  ×   7 0
```

23
```
    2 4 6
  ×   8 0
```

24
```
    3 1 4
  ×   6 0
```

25
```
    5 1 7
  ×   5 0
```

26
```
    1 9 6
  ×   9 0
```

27
```
    5 7 2
  ×   3 0
```

28
```
    8 5 5
  ×   4 0
```

2 (세 자리 수)×(몇십)(3)

🕐 빈 곳에 알맞은 수를 써넣으시오. (1~12)

1

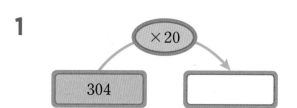

2

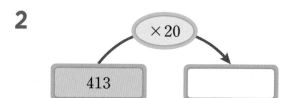

3

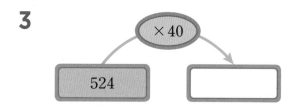

4

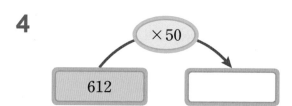

5

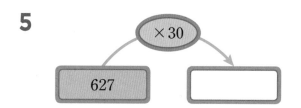

6

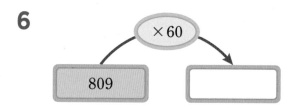

7

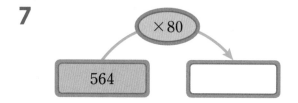

8

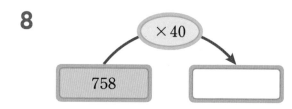

9

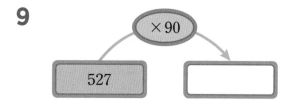

10

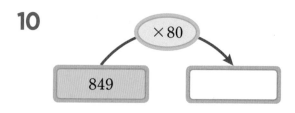

11

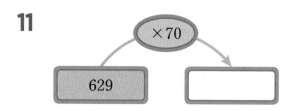

12

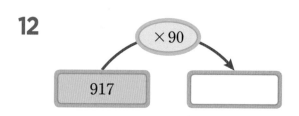

계산은 빠르고 정확하게!

걸린 시간	1~8분	8~12분	12~16분
맞은 개수	20~22개	16~19개	1~15개
평가	참 잘했어요.	잘했어요.	좀더 노력해요.

□ 안에 알맞은 수를 써넣으시오. (13 ~ 22)

13
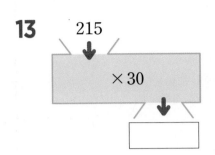
215
×30

14
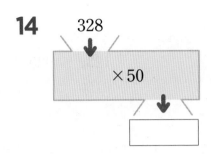
328
×50

15
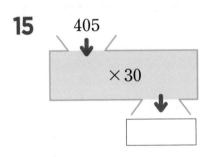
405
×30

16
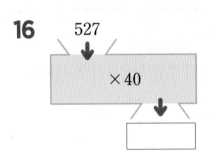
527
×40

17
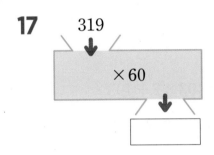
319
×60

18
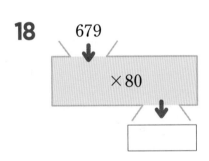
679
×80

19
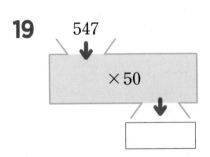
547
×50

20
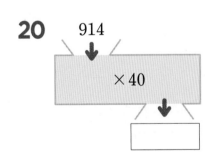
914
×40

21
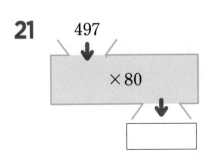
497
×80

22
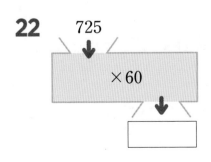
725
×60

3 (세 자리 수)×(두 자리 수)(1)

⭐ 246×25의 계산

$$246 \times 25 = 246 \times 5 + 246 \times 20$$
$$= 1230 + 4920$$
$$= 6150$$

$$\begin{array}{r} 2\,4\,6 \\ \times\quad 2\,5 \\ \hline 1\,2\,3\,0 \leftarrow 246 \times 5 \\ 4\,9\,2\,0 \leftarrow 246 \times 20 \\ \hline 6\,1\,5\,0 \end{array}$$

➡ 246의 25배는 246의 5배와 246의 20배를 더한 값과 같습니다.

⏰ □ 안에 알맞은 수를 써넣으시오. (1~8)

1 $124 \times 23 = 124 \times \boxed{} + 124 \times 20$
$= \boxed{} + \boxed{}$
$= \boxed{}$

2 $324 \times 17 = 324 \times 7 + 324 \times \boxed{}$
$= \boxed{} + \boxed{}$
$= \boxed{}$

3 $156 \times 25 = 156 \times \boxed{} + 156 \times 20$
$= \boxed{} + \boxed{}$
$= \boxed{}$

4 $493 \times 32 = 493 \times 2 + 493 \times \boxed{}$
$= \boxed{} + \boxed{}$
$= \boxed{}$

5 $328 \times 34 = 328 \times \boxed{} + 328 \times 30$
$= \boxed{} + \boxed{}$
$= \boxed{}$

6 $218 \times 43 = 218 \times 3 + 218 \times \boxed{}$
$= \boxed{} + \boxed{}$
$= \boxed{}$

7 $721 \times 29 = 721 \times \boxed{} + 721 \times 20$
$= \boxed{} + \boxed{}$
$= \boxed{}$

8 $586 \times 27 = 586 \times 7 + 586 \times \boxed{}$
$= \boxed{} + \boxed{}$
$= \boxed{}$

⏰ 계산을 하시오. (9 ~ 28)

9 147×34

10 423×37

11 195×89

12 367×25

13 542×51

14 647×27

15 473×65

16 279×82

17 721×28

18 616×54

19 779×39

20 892×54

21 486×27

22 329×34

23 561×45

24 264×47

25 712×49

26 486×82

27 618×66

28 924×31

3 (세 자리 수)×(두 자리 수)(2)

⏰ 계산을 하시오. (1~8)

1

```
      2 4 6
  ×     3 5
```

2

```
      3 7 2
  ×     2 8
```

3

```
      4 5 9
  ×     4 7
```

4

```
      5 4 9
  ×     3 6
```

5

```
      6 1 4
  ×     7 2
```

6

```
      5 4 7
  ×     4 1
```

7

```
      3 3 7
  ×     8 3
```

8

```
      4 9 7
  ×     8 8
```

계산은 빠르고 정확하게!

걸린 시간	1~15분	15~20분	20~25분
맞은 개수	24~26개	19~23개	1~18개
평가	참 잘했어요.	잘했어요.	좀더 노력해요.

⏰ **계산을 하시오. (9~26)**

9
$$\begin{array}{r} 215 \\ \times\ \ 17 \\ \hline \end{array}$$

10
$$\begin{array}{r} 369 \\ \times\ \ 18 \\ \hline \end{array}$$

11
$$\begin{array}{r} 427 \\ \times\ \ 23 \\ \hline \end{array}$$

12
$$\begin{array}{r} 523 \\ \times\ \ 21 \\ \hline \end{array}$$

13
$$\begin{array}{r} 408 \\ \times\ \ 26 \\ \hline \end{array}$$

14
$$\begin{array}{r} 517 \\ \times\ \ 42 \\ \hline \end{array}$$

15
$$\begin{array}{r} 712 \\ \times\ \ 54 \\ \hline \end{array}$$

16
$$\begin{array}{r} 629 \\ \times\ \ 91 \\ \hline \end{array}$$

17
$$\begin{array}{r} 413 \\ \times\ \ 37 \\ \hline \end{array}$$

18
$$\begin{array}{r} 612 \\ \times\ \ 31 \\ \hline \end{array}$$

19
$$\begin{array}{r} 572 \\ \times\ \ 22 \\ \hline \end{array}$$

20
$$\begin{array}{r} 614 \\ \times\ \ 42 \\ \hline \end{array}$$

21
$$\begin{array}{r} 529 \\ \times\ \ 32 \\ \hline \end{array}$$

22
$$\begin{array}{r} 704 \\ \times\ \ 77 \\ \hline \end{array}$$

23
$$\begin{array}{r} 814 \\ \times\ \ 51 \\ \hline \end{array}$$

24
$$\begin{array}{r} 662 \\ \times\ \ 38 \\ \hline \end{array}$$

25
$$\begin{array}{r} 329 \\ \times\ \ 61 \\ \hline \end{array}$$

26
$$\begin{array}{r} 479 \\ \times\ \ 55 \\ \hline \end{array}$$

3 (세 자리 수)×(두 자리 수)(3)

⏰ 빈 곳에 알맞은 수를 써넣으시오. (1~12)

1
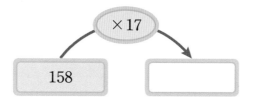
158 ×17

2
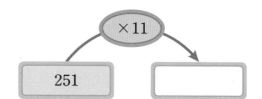
251 ×11

3
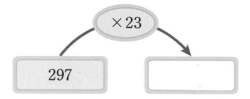
297 ×23

4
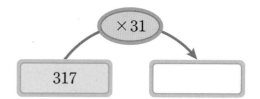
317 ×31

5
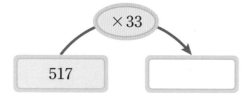
517 ×33

6
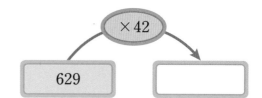
629 ×42

7
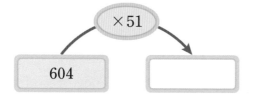
604 ×51

8
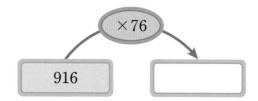
916 ×76

9
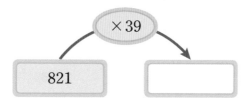
821 ×39

10
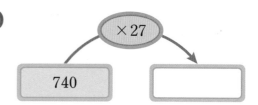
740 ×27

11
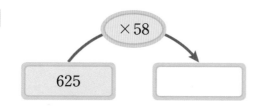
625 ×58

12
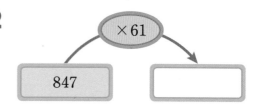
847 ×61

계산은 빠르고 정확하게!

걸린 시간	1～10분	10～15분	15～20분
맞은 개수	20～22개	16～19개	1～15개
평가	참 잘했어요.	잘했어요.	좀더 노력해요.

⏰ ☐ 안에 알맞은 수를 써넣으시오. (13 ~ 22)

13
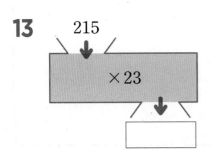

14
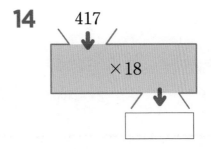

15
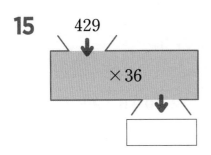

16
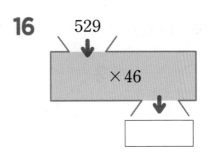

17
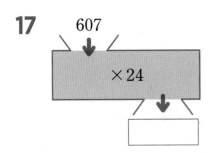

18
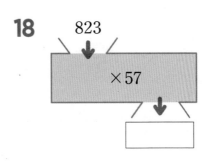

19
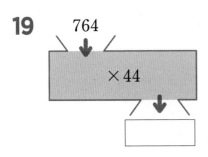

20
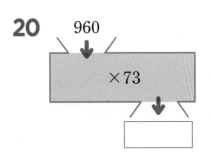

21
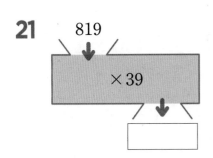

22
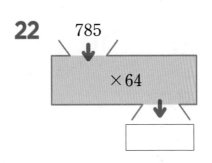

4 (두 자리 수)÷(몇십)(1)

⭐ (두 자리 수)÷(몇십)

$20 \times 2 = 40$
$20 \times 3 = 60$
$20 \times 4 = 80$

$$20 \overline{)62}$$
$3 \leftarrow$ 몫
60
$2 \leftarrow$ 나머지

$62 \div 20 = 3 \cdots 2$

검산 $20 \times 3 + 2 = 62$

⏰ 계산을 하시오. (1~12)

1
$$30 \overline{)94}$$

2
$$40 \overline{)87}$$

3
$$20 \overline{)69}$$

4
$$50 \overline{)74}$$

5
$$20 \overline{)93}$$

6
$$30 \overline{)72}$$

7
$$60 \overline{)72}$$

8
$$30 \overline{)87}$$

9
$$50 \overline{)65}$$

10
$$20 \overline{)65}$$

11
$$40 \overline{)91}$$

12
$$20 \overline{)94}$$

계산은 빠르고 정확하게!

걸린 시간	1~5분	5~8분	8~10분
맞은 개수	17~18개	13~16개	1~12개
평가	참 잘했어요.	잘했어요.	좀더 노력해요.

⏰ ☐ 안에 알맞은 수를 써넣으시오. (13~18)

13

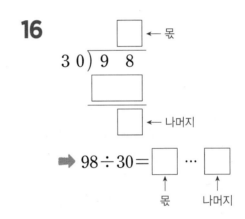

→ 47÷20= ☐ ··· ☐
　　　　　　몫　　나머지

14

→ 78÷30= ☐ ··· ☐
　　　　　　몫　　나머지

15

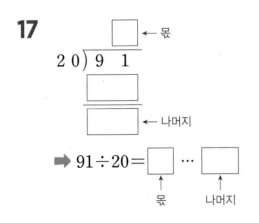

→ 89÷40= ☐ ··· ☐
　　　　　　몫　　나머지

16

→ 98÷30= ☐ ··· ☐
　　　　　　몫　　나머지

17

→ 91÷20= ☐ ··· ☐
　　　　　　몫　　나머지

18

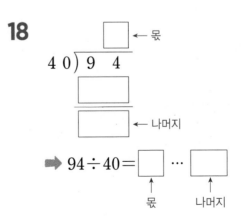

→ 94÷40= ☐ ··· ☐
　　　　　　몫　　나머지

(두 자리 수)÷(몇십)(2)

 계산을 하고 검산해 보시오. (1~8)

1

$$20 \overline{)43}$$

검산 $20 \times \boxed{} + \boxed{} = 43$

2

$$30 \overline{)67}$$

검산 $30 \times \boxed{} + \boxed{} = 67$

3

$$50 \overline{)75}$$

검산

4

$$20 \overline{)89}$$

검산

5

$$40 \overline{)96}$$

검산

6

$$80 \overline{)99}$$

검산

7

$$20 \overline{)78}$$

검산

8

$$30 \overline{)82}$$

검산

계산을 하고 검산해 보시오. (9 ~ 20)

9 $54 \div 20 = \square \cdots \square$

검산 $20 \times \square + \square = 54$

10 $71 \div 30 = \square \cdots \square$

검산 $30 \times \square + \square = 71$

11 $91 \div 40 = \square \cdots \square$

검산 $40 \times \square + \square = 91$

12 $94 \div 50 = \square \cdots \square$

검산 $50 \times \square + \square = 94$

13 $66 \div 30 = \square \cdots \square$

검산

14 $69 \div 20 = \square \cdots \square$

검산

15 $91 \div 60 = \square \cdots \square$

검산

16 $57 \div 40 = \square \cdots \square$

검산

17 $97 \div 20 = \square \cdots \square$

검산

18 $94 \div 70 = \square \cdots \square$

검산

19 $88 \div 40 = \square \cdots \square$

검산

20 $99 \div 30 = \square \cdots \square$

검산

5 (세 자리 수)÷(몇십)(1)

✿ 나머지가 없는 (세 자리 수)÷(몇십)의 계산

$$240 \div 60 = 4$$
$$24 \div 6 = 4$$

$$\begin{array}{r} 4 \leftarrow \text{몫} \\ 60\overline{)240} \\ 240 \\ \hline 0 \end{array}$$

➡ 240÷60의 몫은 24÷6의 몫과 같습니다.

⏰ 빈칸에 알맞은 수를 써넣고, 나눗셈의 몫을 구하시오. (1~4)

1 ×20

1	2	3	4	5
20	40	60		

➡ 100÷20 = ☐

2 ×40

1	2	3	4	5
40	80			

➡ 160÷40 = ☐

3 ×30

3	4	5	6	7
90	120			

➡ 210÷30 = ☐

4 ×50

5	6	7	8	9
250	300			

➡ 450÷50 = ☐

⏰ □ 안에 알맞은 수를 써넣으시오. (5~22)

5 $120 \div 30 = \boxed{}$

$12 \div 3 = \boxed{}$

6 $150 \div 30 = \boxed{}$

$15 \div 3 = \boxed{}$

7 $140 \div 20 = \boxed{}$

$14 \div 2 = \boxed{}$

8 $280 \div 40 = \boxed{}$

$28 \div 4 = \boxed{}$

9 $480 \div 60 = \boxed{}$

$48 \div 6 = \boxed{}$

10 $180 \div 30 = \boxed{}$

$18 \div 3 = \boxed{}$

11 $300 \div 60 = \boxed{}$

$30 \div 6 = \boxed{}$

12 $490 \div 70 = \boxed{}$

$49 \div 7 = \boxed{}$

13 $350 \div 50 = \boxed{}$

$35 \div 5 = \boxed{}$

14 $630 \div 90 = \boxed{}$

$63 \div 9 = \boxed{}$

15 $810 \div 90 = \boxed{}$

$81 \div 9 = \boxed{}$

16 $360 \div 90 = \boxed{}$

$36 \div 9 = \boxed{}$

17 $320 \div 80 = \boxed{}$

$32 \div 8 = \boxed{}$

18 $360 \div 60 = \boxed{}$

$36 \div 6 = \boxed{}$

19 $720 \div 80 = \boxed{}$

$72 \div 8 = \boxed{}$

20 $560 \div 70 = \boxed{}$

$56 \div 7 = \boxed{}$

21 $640 \div 80 = \boxed{}$

$64 \div 8 = \boxed{}$

22 $450 \div 90 = \boxed{}$

$45 \div 9 = \boxed{}$

5 (세 자리 수)÷(몇십)(2)

⏰ □ 안에 알맞은 수를 써넣으시오. (1~10)

1 120÷40=□

12÷4=□

40) 1 2 0

0

2 180÷30=□

18÷3=□

30) 1 8 0

0

3 200÷50=□

20÷5=□

50) 2 0 0

0

4 160÷20=□

16÷2=□

20) 1 6 0

0

5 560÷80=□

56÷8=□

80) 5 6 0

0

6 420÷60=□

42÷6=□

60) 4 2 0

0

7 250÷50=□

25÷5=□

50) 2 5 0

0

8 400÷80=□

40÷8=□

80) 4 0 0

0

9 320÷40=□

32÷4=□

40) 3 2 0

0

10 360÷40=□

36÷4=□

40) 3 6 0

0

걸린 시간	1~6분	6~9분	9~12분
맞은 개수	18~20개	14~17개	1~13개
평가	참 잘했어요.	잘했어요.	좀더 노력해요.

계산을 하시오. (11 ~ 20)

11 $20\overline{)180}$

12 $40\overline{)280}$

13 $50\overline{)350}$

14 $80\overline{)480}$

15 $70\overline{)210}$

16 $90\overline{)720}$

17 $60\overline{)540}$

18 $70\overline{)560}$

19 $80\overline{)640}$

20 $30\overline{)270}$

⏰ 계산을 하시오. (1~20)

1 100÷50

2 270÷30

3 450÷50

4 640÷80

5 180÷20

6 210÷30

7 420÷60

8 270÷30

9 280÷70

10 480÷80

11 560÷80

12 540÷90

13 160÷40

14 480÷60

15 360÷90

16 400÷50

17 720÷90

18 240÷80

19 630÷70

20 810÷90

계산은 빠르고 정확하게!

걸린 시간	1~10분	10~15분	15~20분
맞은 개수	35~38개	27~34개	1~26개
평가	참 잘했어요.	잘했어요.	좀더 노력해요.

계산을 하시오. (21 ~ 38)

21 $20\overline{)120}$

22 $30\overline{)150}$

23 $40\overline{)200}$

24 $30\overline{)180}$

25 $40\overline{)280}$

26 $60\overline{)360}$

27 $40\overline{)320}$

28 $70\overline{)210}$

29 $80\overline{)240}$

30 $90\overline{)180}$

31 $70\overline{)350}$

32 $60\overline{)420}$

33 $90\overline{)450}$

34 $80\overline{)720}$

35 $60\overline{)540}$

36 $70\overline{)490}$

37 $50\overline{)250}$

38 $60\overline{)300}$

✿ 나머지가 있는 (세 자리 수)÷(몇십)의 계산

$60 \times 5 = 300$ \
$60 \times 6 = 360$ \
$60 \times 7 = 420$

$$60 \overline{)365} \quad 6 \leftarrow 몫$$
$$\underline{360}$$
$$5 \leftarrow 나머지$$

$365 \div 60 = 6 \cdots 5$

검산 $60 \times 6 + 5 = 365$

⏰ □ 안에 알맞은 수를 써넣으시오. (1~6)

1

$30 \times 6 = 180$ \
$30 \times 7 = 210$ \
$30 \times 8 = 240$

$$30 \overline{)219}$$

2

$40 \times 7 = 280$ \
$40 \times 8 = 320$ \
$40 \times 9 = 360$

$$40 \overline{)364}$$

3

$50 \times 3 = 150$ \
$50 \times 4 = 200$ \
$50 \times 5 = 250$

$$50 \overline{)217}$$

4

$70 \times 6 = 420$ \
$70 \times 7 = 490$ \
$70 \times 8 = 560$

$$70 \overline{)495}$$

5

$80 \times 3 = 240$ \
$80 \times 4 = 320$ \
$80 \times 5 = 400$

$$80 \overline{)326}$$

6

$90 \times 6 = 540$ \
$90 \times 7 = 630$ \
$90 \times 8 = 720$

$$90 \overline{)648}$$

☐ 안에 알맞은 수를 써넣으시오. (7~14)

7

$20 \times 7 =$ ☐

$20 \times 8 =$ ☐

$20 \times 9 =$ ☐

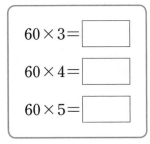

8

$60 \times 3 =$ ☐

$60 \times 4 =$ ☐

$60 \times 5 =$ ☐

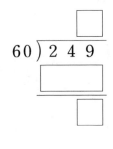

9

$40 \times 5 =$ ☐

$40 \times 6 =$ ☐

$40 \times 7 =$ ☐

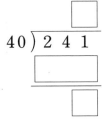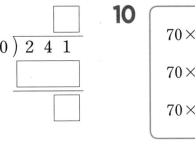

10

$70 \times 2 =$ ☐

$70 \times 3 =$ ☐

$70 \times 4 =$ ☐

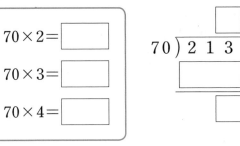

11

$90 \times 6 =$ ☐

$90 \times 7 =$ ☐

$90 \times 8 =$ ☐

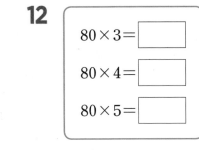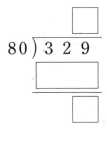

12

$80 \times 3 =$ ☐

$80 \times 4 =$ ☐

$80 \times 5 =$ ☐

13

$30 \times 7 =$ ☐

$30 \times 8 =$ ☐

$30 \times 9 =$ ☐

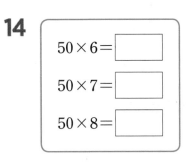

14

$50 \times 6 =$ ☐

$50 \times 7 =$ ☐

$50 \times 8 =$ ☐

(세 자리 수)÷(몇십)(5)

학습 날짜

월   일

⏰ 계산을 하시오. (1~10)

1

$20\overline{)168}$

2

$50\overline{)407}$

3

$40\overline{)291}$

4

$70\overline{)145}$

5

$90\overline{)369}$

6

$80\overline{)572}$

7

$40\overline{)371}$

8

$30\overline{)257}$

9

$80\overline{)492}$

10

$90\overline{)743}$

⏰ □ 안에 알맞은 수를 써넣으시오. (11 ~ 16)

11

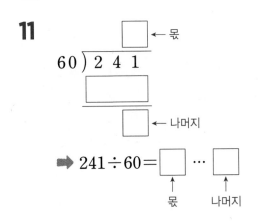

$$241 \div 60 = \boxed{} \cdots \boxed{}$$
　　　　　　몫　　　나머지

12

$$324 \div 80 = \boxed{} \cdots \boxed{}$$
　　　　　　몫　　　나머지

13

$$167 \div 40 = \boxed{} \cdots \boxed{}$$
　　　　　　몫　　　나머지

14

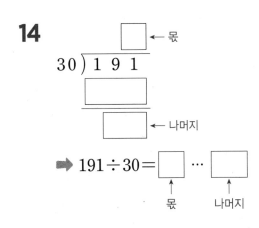

$$191 \div 30 = \boxed{} \cdots \boxed{}$$
　　　　　　몫　　　나머지

15

$$579 \div 70 = \boxed{} \cdots \boxed{}$$
　　　　　　몫　　　나머지

16

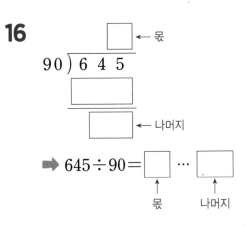

$$645 \div 90 = \boxed{} \cdots \boxed{}$$
　　　　　　몫　　　나머지

⏰ 계산을 하고 검산해 보시오. (1~8)

1

$$30 \overline{)219}$$

검산 $30 \times \boxed{} + \boxed{} = 219$

2

$$60 \overline{)423}$$

검산 $60 \times \boxed{} + \boxed{} = 423$

3

$$40 \overline{)248}$$

검산

4

$$50 \overline{)351}$$

검산

5

$$70 \overline{)572}$$

검산

6

$$90 \overline{)463}$$

검산

7

$$30 \overline{)235}$$

검산

8

$$80 \overline{)718}$$

검산

⏰ 계산을 하고 검산해 보시오. (9 ~ 20)

9 $149 \div 20 = \Box \cdots \Box$

검산 $\quad 20 \times \Box + \Box = 149$

10 $152 \div 30 = \Box \cdots \Box$

검산 $\quad 30 \times \Box + \Box = 152$

11 $206 \div 40 = \Box \cdots \Box$

검산 $\quad 40 \times \Box + \Box = 206$

12 $361 \div 40 = \Box \cdots \Box$

검산 $\quad 40 \times \Box + \Box = 361$

13 $619 \div 70 = \Box \cdots \Box$

검산 _____

14 $183 \div 60 = \Box \cdots \Box$

검산 _____

15 $317 \div 80 = \Box \cdots \Box$

검산 _____

16 $402 \div 50 = \Box \cdots \Box$

검산 _____

17 $633 \div 90 = \Box \cdots \Box$

검산 _____

18 $497 \div 60 = \Box \cdots \Box$

검산 _____

19 $557 \div 70 = \Box \cdots \Box$

검산 _____

20 $893 \div 90 = \Box \cdots \Box$

검산 _____

5 (세 자리 수)÷(몇십)(7)

학습 날짜

월 일

⏰ 몫은 ☐ 안에, 나머지는 ◯ 안에 써넣으시오. (1~8)

1

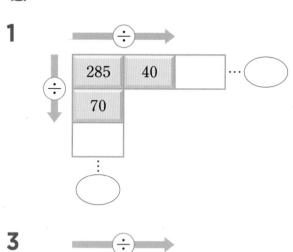

2

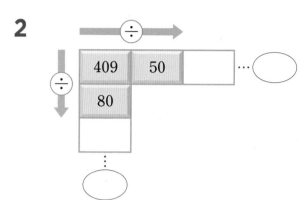

3

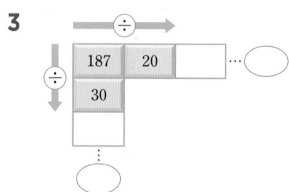

4

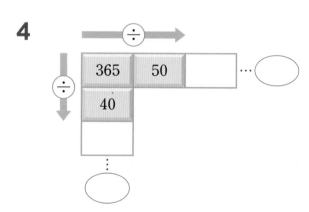

5

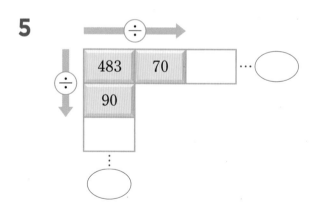

6

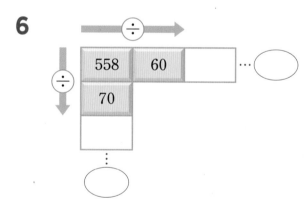

7

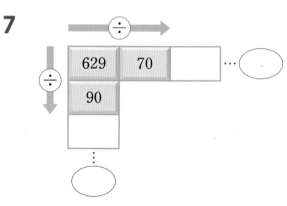

8

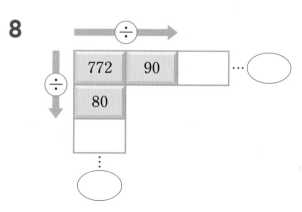

계산은 빠르고 정확하게!

걸린 시간	1~10분	10~15분	15~20분
맞은 개수	13~14개	10~12개	1~9개
평가	참 잘했어요.	잘했어요.	좀더 노력해요.

 가운데 ◇의 수를 바깥의 수로 나누어 몫은 큰 원의 빈 곳에, 나머지는 ☐ 안에 써넣으시오. (9~14)

9

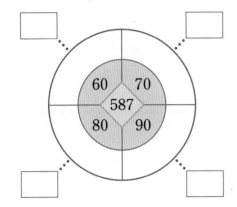

10

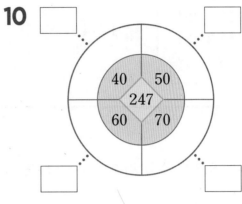

11

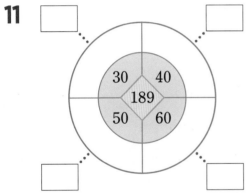

12

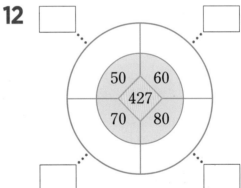

13

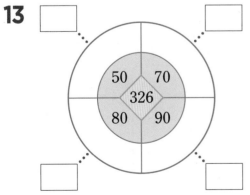

14

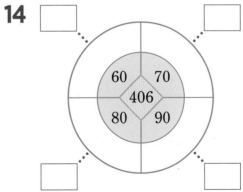

(두 자리 수)÷(두 자리 수)(1)

✿ 나머지가 없는 (두 자리 수)÷(두 자리 수)의 계산

$12 \times 2 = 24$
$12 \times 3 = 36$
$12 \times 4 = 48$

$$12 \overline{\smash{)}48} \quad \overset{4}{} \leftarrow 몫$$
$$\underline{48}$$
$$0$$

$48 \div 12 = 4$

검산 $12 \times 4 = 48$

⏰ □ 안에 알맞은 수를 써넣으시오. (1~6)

1

$12 \times 3 = 36$
$12 \times 4 = 48$
$12 \times 5 = 60$

$$12 \overline{\smash{)}6\ 0}$$
$$0$$

2

$11 \times 7 = 77$
$11 \times 8 = 88$
$11 \times 9 = 99$

$$11 \overline{\smash{)}9\ 9}$$
$$0$$

3

$15 \times 4 = \square$
$15 \times 5 = \square$
$15 \times 6 = \square$

$$15 \overline{\smash{)}9\ 0}$$
$$0$$

4

$23 \times 2 = \square$
$23 \times 3 = \square$
$23 \times 4 = \square$

$$23 \overline{\smash{)}9\ 2}$$
$$0$$

5

$32 \times 1 = \square$
$32 \times 2 = \square$
$32 \times 3 = \square$

$$32 \overline{\smash{)}6\ 4}$$
$$0$$

6

$19 \times 2 = \square$
$19 \times 3 = \square$
$19 \times 4 = \square$

$$19 \overline{\smash{)}5\ 7}$$
$$0$$

⏰ □ 안에 알맞은 수를 써넣으시오. (7~12)

7

$$26 \overline{)\ 7\ 8}$$

$$78 \div 26 = \boxed{}$$

검산 $26 \times \boxed{} = 78$

8

$$17 \overline{)\ 8\ 5}$$

$$85 \div 17 = \boxed{}$$

검산 $17 \times \boxed{} = 85$

9

$$49 \overline{)\ 9\ 8}$$

$$98 \div 49 = \boxed{}$$

검산 $49 \times \boxed{} = \boxed{}$

10

$$16 \overline{)\ 9\ 6}$$

$$96 \div 16 = \boxed{}$$

검산 $16 \times \boxed{} = \boxed{}$

11

$$18 \overline{)\ 7\ 2}$$

$$72 \div 18 = \boxed{}$$

검산 $\boxed{} \times \boxed{} = \boxed{}$

12

$$14 \overline{)\ 8\ 4}$$

$$84 \div 14 = \boxed{}$$

검산 $14 \times \boxed{} = \boxed{}$

6 (두 자리 수)÷(두 자리 수)(2)

⏰ 계산을 하고 검산해 보시오. (1~8)

1

$21\overline{)84}$

검산 $21 \times \boxed{} = 84$

2

$39\overline{)78}$

검산 $39 \times \boxed{} = 78$

3

$29\overline{)87}$

검산 $29 \times \boxed{} = \boxed{}$

4

$18\overline{)90}$

검산 $18 \times \boxed{} = \boxed{}$

5

$13\overline{)91}$

검산

6

$28\overline{)84}$

검산

7

$47\overline{)94}$

검산

8

$22\overline{)88}$

검산

걸린 시간	1~6분	6~9분	9~12분
맞은 개수	18~20개	14~17개	1~13개
평가	참 잘했어요.	잘했어요.	좀더 노력해요.

계산을 하고 검산해 보시오. (9 ~ 20)

9 $93 \div 31 = \square$

검산 $31 \times \square = 93$

10 $64 \div 16 = \square$

검산 $16 \times \square = 64$

11 $72 \div 24 = \square$

검산 $24 \times \square = \square$

12 $96 \div 48 = \square$

검산 $48 \times \square = \square$

13 $56 \div 14 = \square$

검산

14 $95 \div 19 = \square$

검산

15 $77 \div 11 = \square$

검산

16 $66 \div 22 = \square$

검산

17 $75 \div 15 = \square$

검산

18 $96 \div 12 = \square$

검산

19 $92 \div 23 = \square$

검산

20 $91 \div 13 = \square$

검산

⭐ 나머지가 있는 (두 자리 수)÷(두 자리 수)의 계산

$16 \times 3 = 48$
$16 \times 4 = 64$
$16 \times 5 = 80$

$$16 \overline{\smash{)}65} \quad \begin{array}{r} 4 \leftarrow 몫 \\ 64 \\ \hline 1 \leftarrow 나머지 \end{array}$$

$65 \div 16 = 4 \cdots 1$

검산 $\quad 16 \times 4 + 1 = 65$

⏰ ☐ 안에 알맞은 수를 써넣으시오. (1~6)

1

$18 \times 2 = 36$
$18 \times 3 = 54$
$18 \times 4 = 72$

$$18 \overline{\smash{)}56}$$

2

$15 \times 4 = 60$
$15 \times 5 = 75$
$15 \times 6 = 90$

$$15 \overline{\smash{)}80}$$

3

$22 \times 2 = \boxed{}$
$22 \times 3 = \boxed{}$
$22 \times 4 = \boxed{}$

$$22 \overline{\smash{)}89}$$

4

$21 \times 2 = \boxed{}$
$21 \times 3 = \boxed{}$
$21 \times 4 = \boxed{}$

$$21 \overline{\smash{)}87}$$

5

$13 \times 3 = \boxed{}$
$13 \times 4 = \boxed{}$
$15 \times 5 = \boxed{}$

$$13 \overline{\smash{)}58}$$

6

$16 \times 4 = \boxed{}$
$16 \times 5 = \boxed{}$
$16 \times 6 = \boxed{}$

$$16 \overline{\smash{)}82}$$

⏰ ☐ 안에 알맞은 수를 써넣으시오. (7 ~ 12)

7

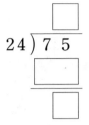

$$24) \overline{7\ 5}$$

$$75 \div 24 = \boxed{} \cdots \boxed{}$$

검산 $24 \times \boxed{} + \boxed{} = 75$

8

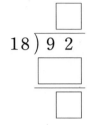

$$18) \overline{9\ 2}$$

$$92 \div 18 = \boxed{} \cdots \boxed{}$$

검산 $18 \times \boxed{} + \boxed{} = \boxed{}$

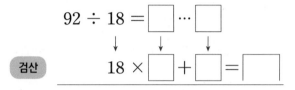

9

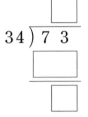

$$34) \overline{7\ 3}$$

$$73 \div 34 = \boxed{} \cdots \boxed{}$$

검산 $34 \times \boxed{} + \boxed{} = \boxed{}$

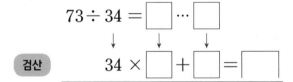

10

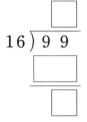

$$16) \overline{9\ 9}$$

$$99 \div 16 = \boxed{} \cdots \boxed{}$$

검산 $\boxed{} \times \boxed{} + \boxed{} = \boxed{}$

11

$$12) \overline{9\ 5}$$

$$95 \div 12 = \boxed{} \cdots \boxed{}$$

검산 $\boxed{} \times \boxed{} + \boxed{} = \boxed{}$

12

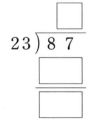

$$23) \overline{8\ 7}$$

$$87 \div 23 = \boxed{} \cdots \boxed{}$$

검산 $\boxed{} \times \boxed{} + \boxed{} = \boxed{}$

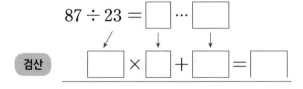

6 (두 자리 수)÷(두 자리 수)(4)

⏰ 계산을 하고 검산해 보시오. (1~8)

1

$18 \overline{)78}$

검산 $18 \times \boxed{} + \boxed{} = 78$

2

$21 \overline{)87}$

검산 $21 \times \boxed{} + \boxed{} = 87$

3

$41 \overline{)89}$

검산 $41 \times \boxed{} + \boxed{} = \boxed{}$

4

$28 \overline{)90}$

검산 $28 \times \boxed{} + \boxed{} = \boxed{}$

5

$12 \overline{)77}$

검산

6

$37 \overline{)88}$

검산

7

$35 \overline{)94}$

검산

8

$23 \overline{)75}$

검산

⏰ 계산을 하고 검산해 보시오. (9~20)

9 $79 \div 31 = \boxed{} \cdots \boxed{}$

검산 $31 \times \boxed{} + \boxed{} = 79$

10 $66 \div 32 = \boxed{} \cdots \boxed{}$

검산 $32 \times \boxed{} + \boxed{} = 66$

11 $63 \div 12 = \boxed{} \cdots \boxed{}$

검산 $12 \times \boxed{} + \boxed{} = \boxed{}$

12 $77 \div 26 = \boxed{} \cdots \boxed{}$

검산 $26 \times \boxed{} + \boxed{} = \boxed{}$

13 $79 \div 15 = \boxed{} \cdots \boxed{}$

검산

14 $98 \div 19 = \boxed{} \cdots \boxed{}$

검산

15 $95 \div 28 = \boxed{} \cdots \boxed{}$

검산

16 $99 \div 45 = \boxed{} \cdots \boxed{}$

검산

17 $82 \div 33 = \boxed{} \cdots \boxed{}$

검산

18 $93 \div 26 = \boxed{} \cdots \boxed{}$

검산

19 $79 \div 18 = \boxed{} \cdots \boxed{}$

검산

20 $97 \div 23 = \boxed{} \cdots \boxed{}$

검산

(두 자리 수)÷(두 자리 수)(5)

⏰ 몫은 ☐ 안에, 나머지는 ◯ 안에 써넣으시오. (1~8)

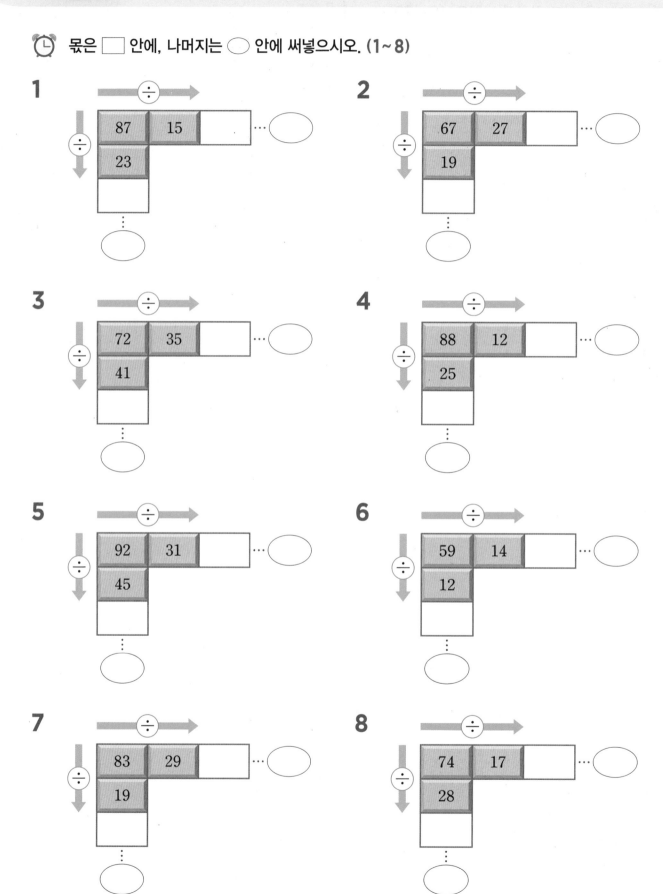

1

2

3

4

5

6

7

8

계산은 빠르고 정확하게!

걸린 시간	1~10분	10~15분	15~20분
맞은 개수	13~14개	10~12개	1~9개
평가	참 잘했어요.	잘했어요.	좀더 노력해요.

🕐 가운데 △의 수를 바깥의 수로 나누어 몫은 큰 원의 빈 곳에, 나머지는 ☐ 안에 써넣으시오. (9~14)

9
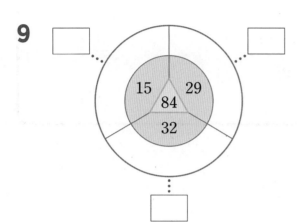

10
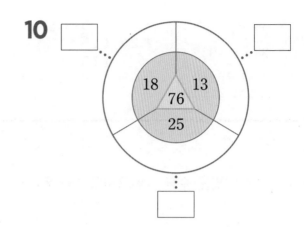

11
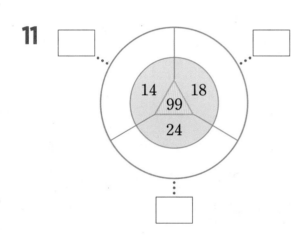

12
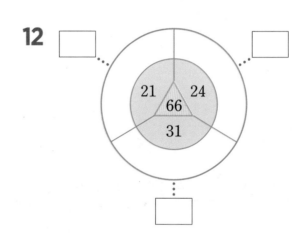

13
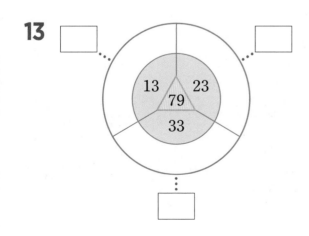

14
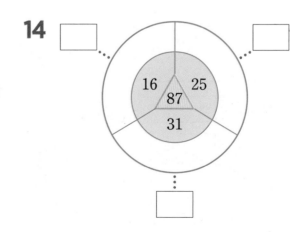

몫이 한 자리 수인
(세 자리 수)÷(두 자리 수)(1)

✿ 나머지가 없는 (세 자리 수)÷(두 자리 수)의 계산

$23 \times 3 = 69$
$23 \times 4 = 92$
$23 \times 5 = 115$

$$23)\overline{115} \quad \overset{5}{} \leftarrow 몫$$
$$\underline{115}$$
$$0$$

$115 \div 23 = 5$

검산　　　$23 \times 5 = 115$

⏰ □ 안에 알맞은 수를 써넣으시오. (1~6)

1

$32 \times 4 = 128$
$32 \times 5 = 160$
$32 \times 6 = 192$

$$32)\overline{192}$$
$$0$$

2

$29 \times 6 = 174$
$29 \times 7 = 203$
$29 \times 8 = 232$

$$29)\overline{232}$$
$$0$$

3

$43 \times 3 = \boxed{}$
$43 \times 4 = \boxed{}$
$43 \times 5 = \boxed{}$

$$43)\overline{215}$$
$$0$$

4

$72 \times 5 = \boxed{}$
$72 \times 6 = \boxed{}$
$72 \times 7 = \boxed{}$

$$72)\overline{504}$$
$$0$$

5

$88 \times 2 = \boxed{}$
$88 \times 3 = \boxed{}$
$88 \times 4 = \boxed{}$

$$88)\overline{352}$$
$$0$$

6

$67 \times 7 = \boxed{}$
$67 \times 8 = \boxed{}$
$67 \times 9 = \boxed{}$

$$67)\overline{603}$$
$$0$$

계산은 빠르고 정확하게!

걸린 시간	1~8분	8~12분	12~16분
맞은 개수	11~12개	9~10개	1~8개
평가	참 잘했어요.	잘했어요.	좀더 노력해요.

□ 안에 알맞은 수를 써넣으시오. (7 ~ 12)

7

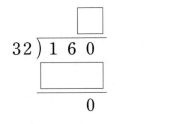

$$160 \div 32 = \boxed{}$$

검산 $32 \times \boxed{} = \boxed{}$

8

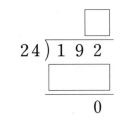

$$192 \div 24 = \boxed{}$$

검산 $24 \times \boxed{} = \boxed{}$

9

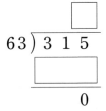

$$315 \div 63 = \boxed{}$$

검산 $\boxed{} \times \boxed{} = \boxed{}$

10

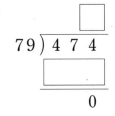

$$474 \div 79 = \boxed{}$$

검산 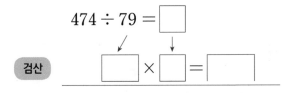 $\boxed{} \times \boxed{} = \boxed{}$

11

$$644 \div 92 = \boxed{}$$

검산 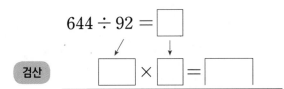 $\boxed{} \times \boxed{} = \boxed{}$

12

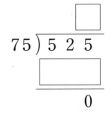

$$525 \div 75 = \boxed{}$$

검산 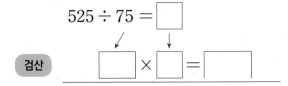 $\boxed{} \times \boxed{} = \boxed{}$

⏰ 계산을 하고 검산해 보시오. (1~8)

1

$17 \overline{)102}$

검산 $17 \times \square = 102$

2

$26 \overline{)208}$

검산 $26 \times \square = 208$

3

$42 \overline{)210}$

검산 $42 \times \square = \boxed{}$

4

$62 \overline{)558}$

검산 $62 \times \square = \boxed{}$

5

$58 \overline{)232}$

검산 _____

6

$74 \overline{)222}$

검산 _____

7

$87 \overline{)696}$

검산 _____

8

$91 \overline{)546}$

검산 _____

⏰ 계산을 하고 검산해 보시오. (9~20)

9 $112 \div 14 = \boxed{}$

검산 $14 \times \boxed{} = 112$

10 $114 \div 19 = \boxed{}$

검산 $19 \times \boxed{} = 114$

11 $294 \div 42 = \boxed{}$

검산 $42 \times \boxed{} = 294$

12 $264 \div 33 = \boxed{}$

검산 $33 \times \boxed{} = \boxed{}$

13 $270 \div 54 = \boxed{}$

검산

14 $536 \div 67 = \boxed{}$

검산

15 $679 \div 97 = \boxed{}$

검산

16 $441 \div 49 = \boxed{}$

검산

17 $747 \div 83 = \boxed{}$

검산

18 $156 \div 39 = \boxed{}$

검산

19 $792 \div 99 = \boxed{}$

검산

20 $444 \div 74 = \boxed{}$

검산

7 몫이 한 자리 수인 (세 자리 수)÷(두 자리 수)(3)

⏰ □ 안에 알맞은 수를 써넣으시오. (1~10)

1
120
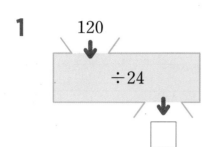
÷24
□

2
186
÷62
□

3
228
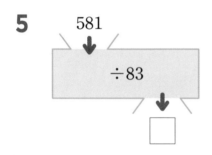
÷57
□

4
294
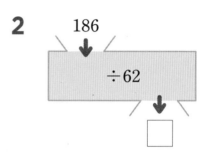
÷98
□

5
581
÷83
□

6
203
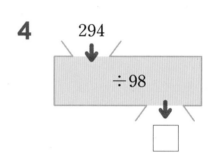
÷29
□

7
376
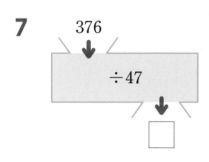
÷47
□

8
325
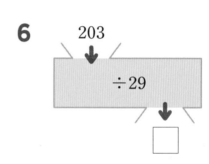
÷65
□

9
639
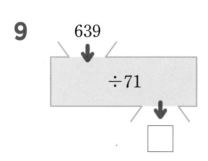
÷71
□

10
637
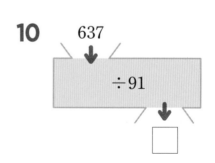
÷91
□

계산은 빠르고 정확하게!

걸린 시간	1~8분	8~12분	12~16분
맞은 개수	20~22개	16~19개	1~15개
평가	참 잘했어요.	잘했어요.	좀더 노력해요.

🕐 빈 곳에 알맞은 수를 써넣으시오. (11 ~ 22)

11
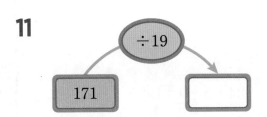

12
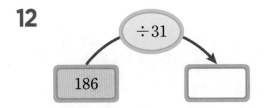

13
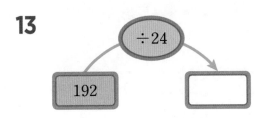

14
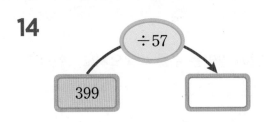

15
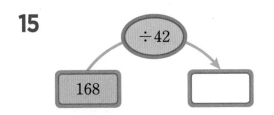

16
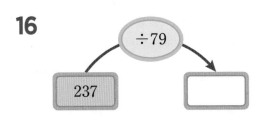

17
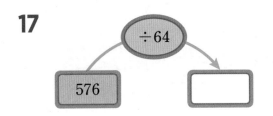

18
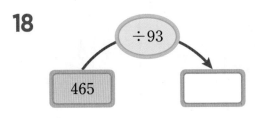

19
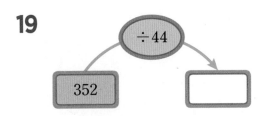

20
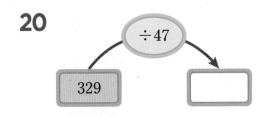

21
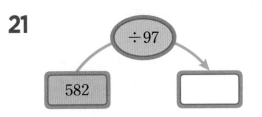

22
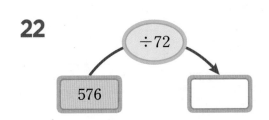

학습 날짜

월
일

⭐ 나머지가 있는 (세 자리 수)÷(두 자리 수)의 계산

$24 \times 3 = 72$
$24 \times 4 = 96$
$24 \times 5 = 120$

$$24 \overline{)125}$$
5 ← 몫
120
5 ← 나머지

$125 \div 24 = 5 \cdots 5$

검산 $24 \times 5 + 5 = 125$

⏰ ☐ 안에 알맞은 수를 써넣으시오. (1~6)

1

$27 \times 5 = 135$
$27 \times 6 = 162$
$27 \times 7 = 189$

$$27 \overline{)165}$$

2

$36 \times 4 = 144$
$36 \times 5 = 180$
$36 \times 6 = 216$

$$36 \overline{)187}$$

3

$49 \times 3 = \boxed{}$
$49 \times 4 = \boxed{}$
$49 \times 5 = \boxed{}$

$$49 \overline{)198}$$

4

$65 \times 5 = \boxed{}$
$65 \times 6 = \boxed{}$
$65 \times 7 = \boxed{}$

$$65 \overline{)392}$$

5

$57 \times 2 = \boxed{}$
$57 \times 3 = \boxed{}$
$57 \times 4 = \boxed{}$

$$57 \overline{)178}$$

6

$81 \times 7 = \boxed{}$
$81 \times 8 = \boxed{}$
$81 \times 9 = \boxed{}$

$$81 \overline{)650}$$

⏰ □ 안에 알맞은 수를 써넣으시오. (7~12)

7

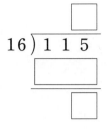

$$115 \div 16 = \boxed{} \cdots \boxed{}$$

검산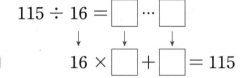

$$16 \times \boxed{} + \boxed{} = 115$$

8

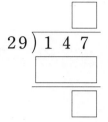

$$147 \div 29 = \boxed{} \cdots \boxed{}$$

검산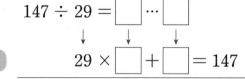

$$29 \times \boxed{} + \boxed{} = 147$$

9

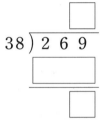

$$269 \div 38 = \boxed{} \cdots \boxed{}$$

검산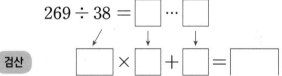

$$\boxed{} \times \boxed{} + \boxed{} = \boxed{}$$

10

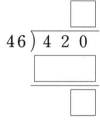

$$420 \div 46 = \boxed{} \cdots \boxed{}$$

검산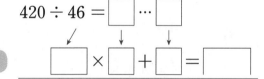

$$\boxed{} \times \boxed{} + \boxed{} = \boxed{}$$

11

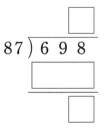

$$698 \div 87 = \boxed{} \cdots \boxed{}$$

검산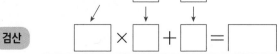

$$\boxed{} \times \boxed{} + \boxed{} = \boxed{}$$

12

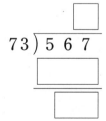

$$567 \div 73 = \boxed{} \cdots \boxed{}$$

검산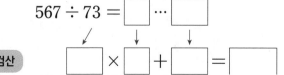

$$\boxed{} \times \boxed{} + \boxed{} = \boxed{}$$

⏰ 계산을 하고 검산해 보시오. (1~8)

1

$$14 \overline{)115}$$

검산 _____

2

$$27 \overline{)165}$$

검산 _____

3

$$36 \overline{)290}$$

검산 _____

4

$$62 \overline{)499}$$

검산 _____

5

$$59 \overline{)418}$$

검산 _____

6

$$64 \overline{)397}$$

검산 _____

7

$$72 \overline{)586}$$

검산 _____

8

$$93 \overline{)849}$$

검산 _____

걸린 시간	1~10분	10~15분	15~20분
맞은 개수	18~20개	14~17개	1~13개
평가	참 잘했어요.	잘했어요.	좀더 노력해요.

⏰ ☐ 안에 알맞은 수를 써넣으시오. (9~20)

9 $125 \div 15 = $ ☐ $\cdots$ ☐

검산 $15 \times$ ☐ $+$ ☐ $= 125$

10 $316 \div 45 = $ ☐ $\cdots$ ☐

검산 $45 \times$ ☐ $+$ ☐ $= 316$

11 $138 \div 27 = $ ☐ $\cdots$ ☐

검산 _____

12 $368 \div 91 = $ ☐ $\cdots$ ☐

검산 _____

13 $423 \div 83 = $ ☐ $\cdots$ ☐

검산 _____

14 $268 \div 87 = $ ☐ $\cdots$ ☐

검산 _____

15 $520 \div 57 = $ ☐ $\cdots$ ☐

검산 _____

16 $211 \div 66 = $ ☐ $\cdots$ ☐

검산 _____

17 $426 \div 69 = $ ☐ $\cdots$ ☐

검산 _____

18 $768 \div 84 = $ ☐ $\cdots$ ☐

검산 _____

19 $867 \div 95 = $ ☐ $\cdots$ ☐

검산 _____

20 $903 \div 99 = $ ☐ $\cdots$ ☐

검산 _____

⏰ 몫은 ☐ 안에, 나머지는 ◯ 안에 써넣으시오. (1~8)

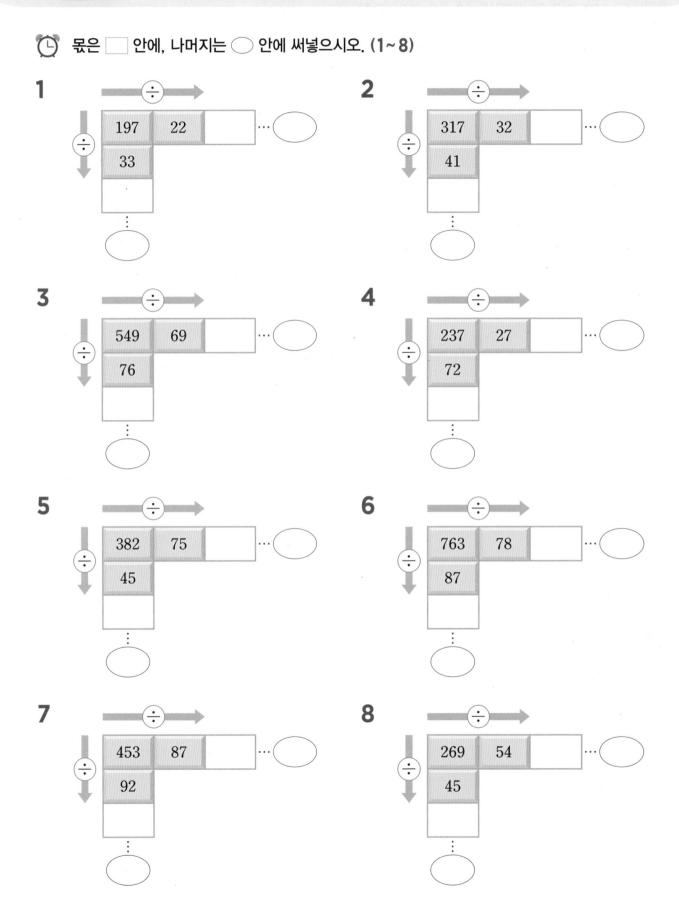

1

197 22

33

2

317 32

41

3

549 69

76

4

237 27

72

5

382 75

45

6

763 78

87

7

453 87

92

8

269 54

45

계산은 빠르고 정확하게!

걸린 시간	1~12분	12~18분	18~24분
맞은 개수	13~14개	10~12개	1~9개
평가	참 잘했어요.	잘했어요.	좀더 노력해요.

⏰ 가운데 △의 수를 바깥의 수로 나누어 몫은 큰 원의 빈 곳에, 나머지는 □ 안에 써넣으시오. (9~14)

9
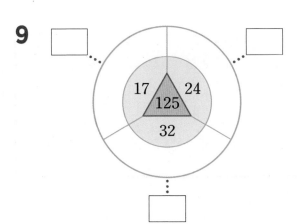

10
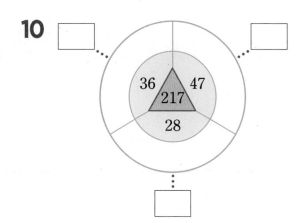

11
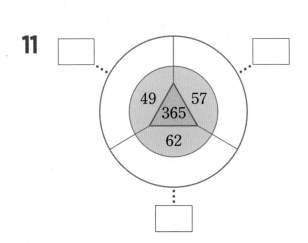

12
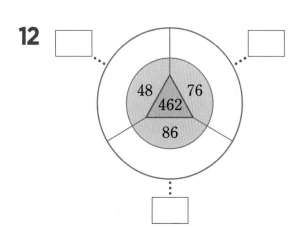

13
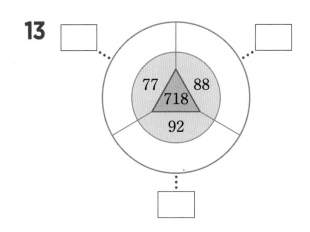

14
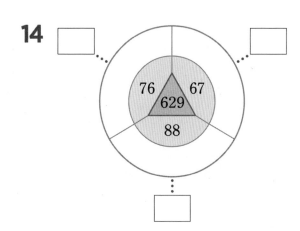

8 몫이 두 자리 수인 (세 자리 수)÷(두 자리 수)(1)

⭐ 465÷15의 계산

$$
15\overline{)465} \Rightarrow 15\overline{)465} \begin{array}{r} 3 \\ 45\downarrow \\ \hline 15 \end{array} \Rightarrow 15\overline{)465} \begin{array}{r} 31 \\ 45 \\ \hline 15 \\ 15 \\ \hline 0 \end{array}
$$

465÷15=31   검산   15×31=465

⏰ □ 안에 알맞은 수를 써넣으시오. (1~4)

1

$$15\overline{)270}$$

□ ← 15×□
□ ← 270−□
□ ← 15×□
0 ← □−□

2

$$23\overline{)322}$$

□ ← 23×□
□ ← 322−□
□ ← 23×□
0 ← □−□

3

$$36\overline{)828}$$

□ ← 36×□
□ ← 828−□
□ ← 36×□
0 ← □−□

4

$$21\overline{)567}$$

□ ← 21×□
□ ← 567−□
□ ← 21×□
0 ← □−□

⏰ □ 안에 알맞은 수를 써넣으시오. (5~7)

5

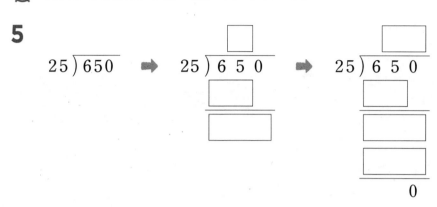

$650 \div 25 =$ □ ➡ 검산 $25 \times$ □ $=$ □

6

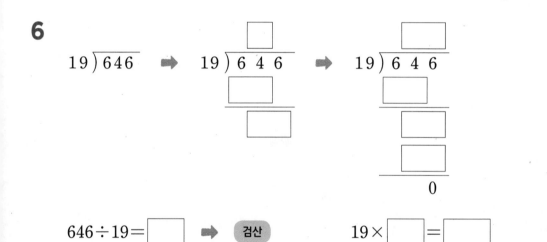

$646 \div 19 =$ □ ➡ 검산 $19 \times$ □ $=$ □

7

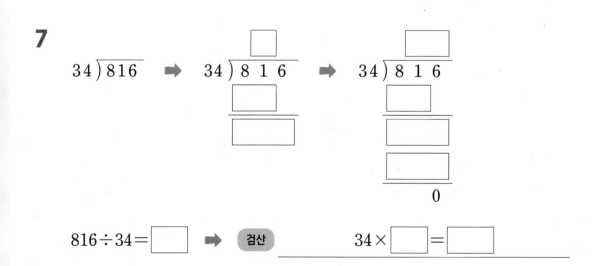

$816 \div 34 =$ □ ➡ 검산 $34 \times$ □ $=$ □

🕐 계산을 하고 검산해 보시오. (1~8)

1

$12\overline{)312}$

검산 _____

2

$27\overline{)756}$

검산 _____

3

$62\overline{)744}$

검산 _____

4

$46\overline{)966}$

검산 _____

5

$59\overline{)767}$

검산 _____

6

$25\overline{)550}$

검산 _____

7

$17\overline{)731}$

검산 _____

8

$37\overline{)592}$

검산 _____

계산은 빠르고 정확하게!

걸린 시간	1~12분	12~18분	18~24분
맞은 개수	18~20개	14~17개	1~13개
평가	참 잘했어요.	잘했어요.	좀더 노력해요.

⏰ 계산을 하고 검산해 보시오. (9 ~ 20)

9 $364 \div 26 = \boxed{}$

검산 $26 \times \boxed{} = 364$

10 $609 \div 21 = \boxed{}$

검산 $21 \times \boxed{} = 609$

11 $504 \div 12 = \boxed{}$

검산

12 $644 \div 28 = \boxed{}$

검산

13 $540 \div 36 = \boxed{}$

검산

14 $468 \div 18 = \boxed{}$

검산

15 $756 \div 27 = \boxed{}$

검산

16 $672 \div 56 = \boxed{}$

검산

17 $473 \div 43 = \boxed{}$

검산

18 $561 \div 33 = \boxed{}$

검산

19 $425 \div 25 = \boxed{}$

검산

20 $742 \div 14 = \boxed{}$

검산

몫이 두 자리 수인 (세 자리 수)÷(두 자리 수)(3)

⏰ □ 안에 알맞은 수를 써넣으시오. (1~10)

1 322
÷23
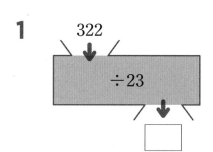

2 180
÷12
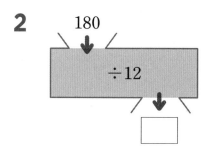

3 507
÷13
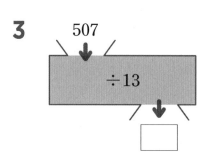

4 980
÷28
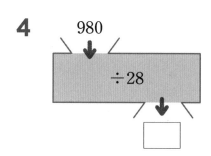

5 240
÷16
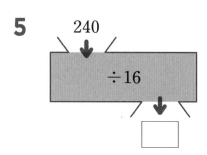

6 756
÷21
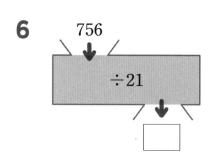

7 399
÷21
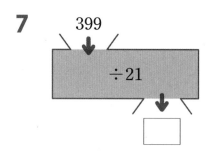

8 525
÷25
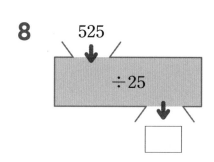

9 713
÷31
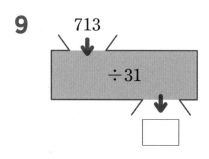

10 851
÷37
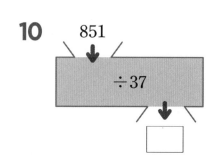

계산은 빠르고 정확하게!

걸린 시간	1~10분	10~15분	15~20분
맞은 개수	20~22개	16~19개	1~15개
평가	참 잘했어요.	잘했어요.	좀더 노력해요.

빈 곳에 알맞은 수를 써넣으시오. (11~22)

11

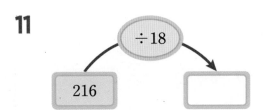

12

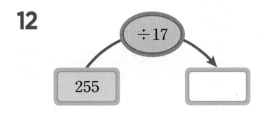

13

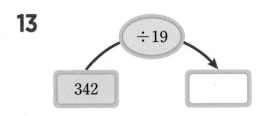

14

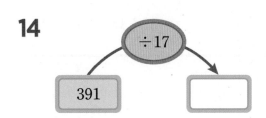

15

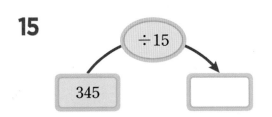

16

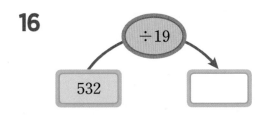

17

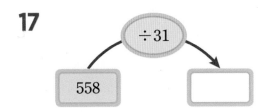

18

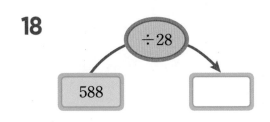

19

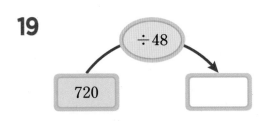

20

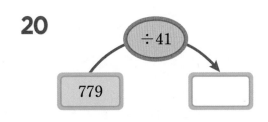

21

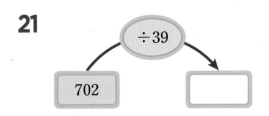

22

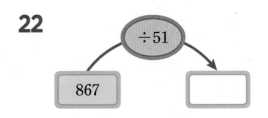

8 몫이 두 자리 수인 (세 자리 수)÷(두 자리 수)(4)

학습 날짜
월
일

⭐ 452÷18의 계산

$$18\overline{)452} \Rightarrow \begin{array}{r} 2 \\ 18\overline{)452} \\ 36\downarrow \\ \hline 92 \end{array} \Rightarrow \begin{array}{r} 25 \leftarrow 몫 \\ 18\overline{)452} \\ 36 \\ \hline 92 \\ 90 \\ \hline 2 \leftarrow 나머지 \end{array}$$

$$452 \div 18 = 25 \cdots 2 \qquad \boxed{검산} \quad 18 \times 25 + 2 = 452$$

⏰ □ 안에 알맞은 수를 써넣으시오. (1~4)

1
$$12\overline{)206}$$
☐
☐ ← 12 × ☐
☐ ← 206 − ☐
☐ ← 12 × ☐
☐ ← ☐ − ☐

2
$$16\overline{)373}$$
☐
☐ ← 16 × ☐
☐ ← 373 − ☐
☐ ← 16 × ☐
☐ ← ☐ − ☐

3
$$24\overline{)363}$$
☐
☐ ← 24 × ☐
☐ ← 363 − ☐
☐ ← 24 × ☐
☐ ← ☐ − ☐

4
$$32\overline{)865}$$
☐
☐ ← 32 × ☐
☐ ← 863 − ☐
☐ ← 32 × ☐
☐ ← ☐ − ☐

□ 안에 알맞은 수를 써넣으시오. (5~7)

5

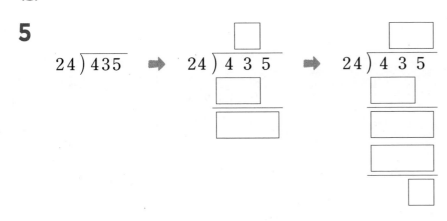

$435 \div 24 =$ ☐ … ☐ ➡ 검산 $24 \times$ ☐ $+$ ☐ $=$ ☐

6

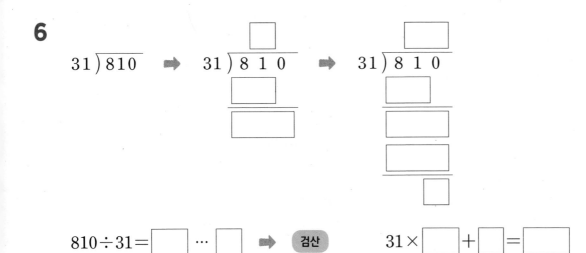

$810 \div 31 =$ ☐ … ☐ ➡ 검산 $31 \times$ ☐ $+$ ☐ $=$ ☐

7

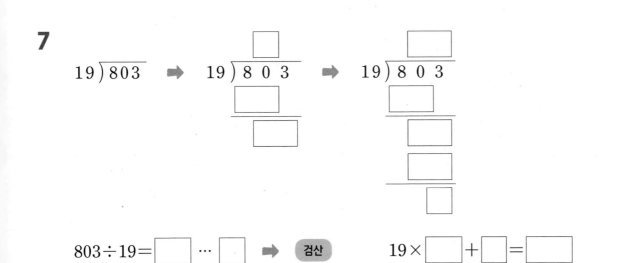

$803 \div 19 =$ ☐ … ☐ ➡ 검산 $19 \times$ ☐ $+$ ☐ $=$ ☐

⏰ 계산을 하고 검산해 보시오. (1~8)

1

$$11 \overline{)167}$$

검산 _____

2

$$26 \overline{)470}$$

검산 _____

3

$$25 \overline{)335}$$

검산 _____

4

$$54 \overline{)715}$$

검산 _____

5

$$48 \overline{)785}$$

검산 _____

6

$$69 \overline{)839}$$

검산 _____

7

$$41 \overline{)995}$$

검산 _____

8

$$37 \overline{)678}$$

검산 _____

계산은 빠르고 정확하게!

걸린 시간	1~12분	12~18분	18~24분
맞은 개수	18~20개	14~17개	1~13개
평가	참 잘했어요.	잘했어요.	좀더 노력해요.

⏰ 계산을 하고 검산해 보시오. (9~20)

9 $309 \div 14 = \boxed{} \cdots \boxed{}$

검산 _____

10 $459 \div 19 = \boxed{} \cdots \boxed{}$

검산 _____

11 $412 \div 27 = \boxed{} \cdots \boxed{}$

검산 _____

12 $627 \div 25 = \boxed{} \cdots \boxed{}$

검산 _____

13 $762 \div 36 = \boxed{} \cdots \boxed{}$

검산 _____

14 $582 \div 41 = \boxed{} \cdots \boxed{}$

검산 _____

15 $632 \div 57 = \boxed{} \cdots \boxed{}$

검산 _____

16 $925 \div 71 = \boxed{} \cdots \boxed{}$

검산 _____

17 $699 \div 33 = \boxed{} \cdots \boxed{}$

검산 _____

18 $529 \div 29 = \boxed{} \cdots \boxed{}$

검산 _____

19 $597 \div 45 = \boxed{} \cdots \boxed{}$

검산 _____

20 $772 \div 63 = \boxed{} \cdots \boxed{}$

검산 _____

⏰ 몫은 ☐ 안에, 나머지는 ◯ 안에 써넣으시오. (1~8)

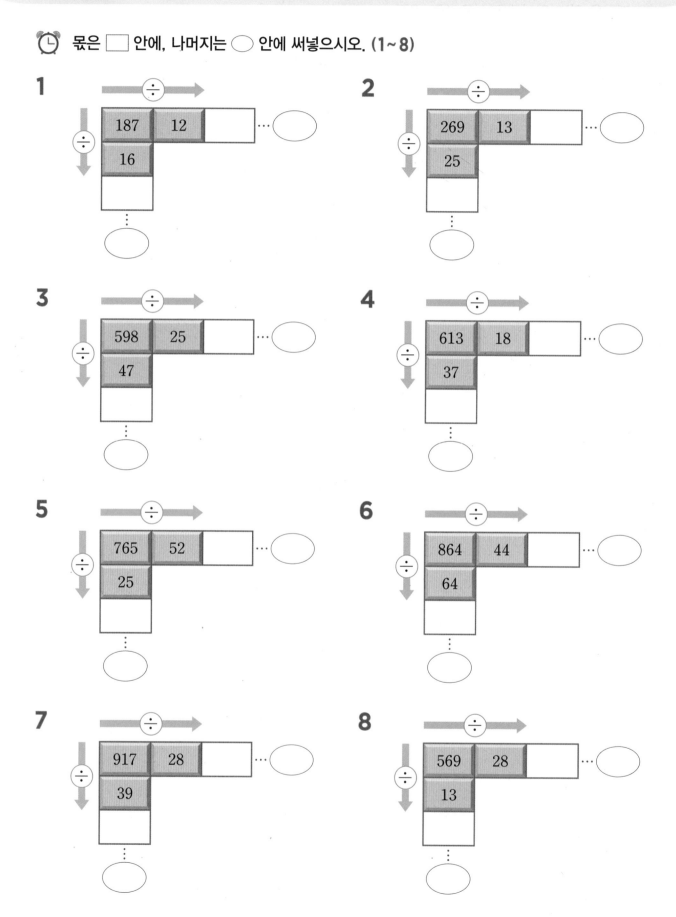

1
÷

187 12

16

2
÷

269 13

25

3
÷

598 25

47

4
÷

613 18

37

5
÷

765 52

25

6
÷

864 44

64

7
÷

917 28

39

8
÷

569 28

13

계산은 빠르고 정확하게!

걸린 시간	1~12분	12~18분	18~24분
맞은 개수	13~14개	10~12개	1~9개
평가	참 잘했어요.	잘했어요.	좀더 노력해요.

🕐 가운데 △의 수를 바깥의 수로 나누어 몫은 큰 원의 빈 곳에, 나머지는 ☐ 안에 써넣으시오. (9~14)

9

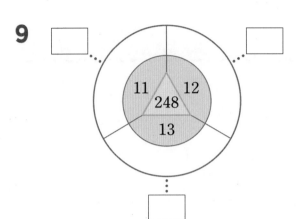

10

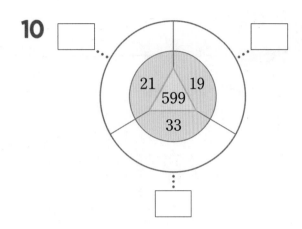

11

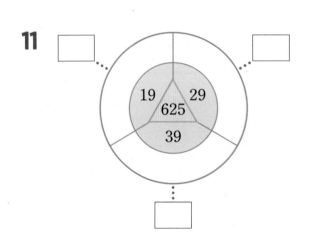

12

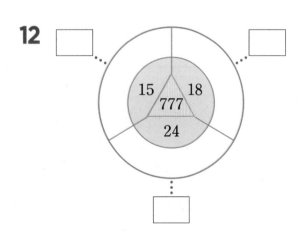

13

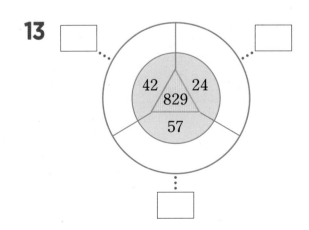

14

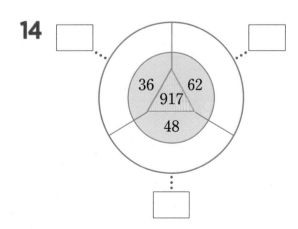

신기한 연산(1)

🕐 격자 곱셈법을 이용하여 **보기** 와 같이 계산할 수 있습니다. 빈 곳에 알맞은 수를 써넣으시오. (1~10)

보기

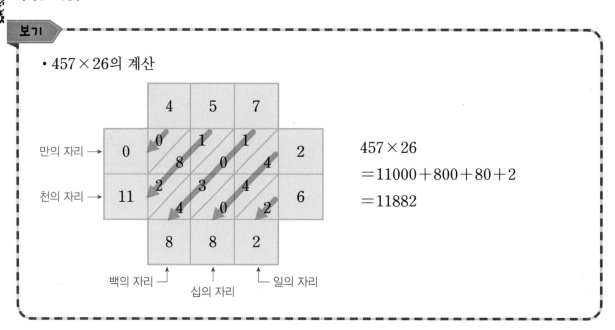

• 457×26의 계산

만의 자리 →
천의 자리 →
백의 자리 ┘ 십의 자리 ↑ └ 일의 자리

457×26
=11000+800+80+2
=11882

1

1	5	7

2

3

157×23=☐

2

2	3	6

1

2

236×12=☐

3

3	2	7

2

5

327×25=☐

4

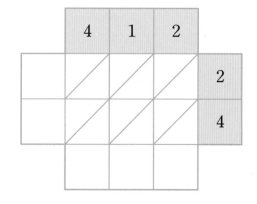

4	1	2

2

4

412×24=☐

계산은 빠르고 정확하게!

걸린 시간	1~10분	10~15분	15~20분
맞은 개수	9~10개	7~8개	1~6개
평가	참 잘했어요.	잘했어요.	좀더 노력해요.

5

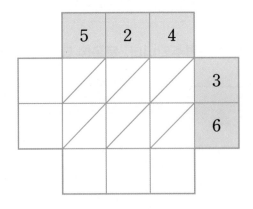

$524 \times 36 =$ ☐

6

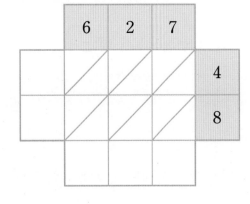

$627 \times 48 =$ ☐

7

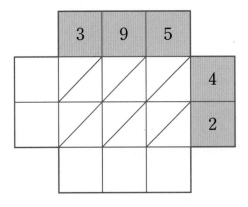

$395 \times 42 =$ ☐

8

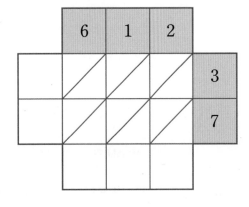

$612 \times 37 =$ ☐

9

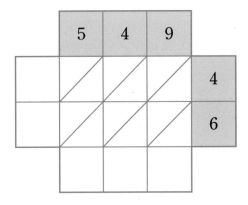

$549 \times 46 =$ ☐

10

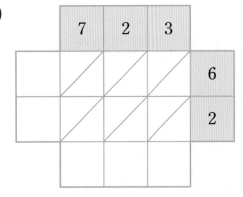

$723 \times 62 =$ ☐

⏰ 주어진 나눗셈식에서 ♥는 100보다 크고 300보다 작은 자연수입니다. 물음에 답하시오. (1~3)

$$♥ \div 30 = ■ \cdots ▲$$

1 나머지가 5일 때의 나눗셈식을 모두 써 보시오.

□ ÷ 30 = □ ⋯ 5   □ ÷ 30 = □ ⋯ 5

□ ÷ 30 = □ ⋯ 5   □ ÷ 30 = □ ⋯ 5

□ ÷ 30 = □ ⋯ 5   □ ÷ 30 = □ ⋯ 5

2 몫과 나머지가 같을 때의 나눗셈식을 모두 써 보시오.

□ ÷ 30 = □ ⋯ □   □ ÷ 30 = □ ⋯ □

□ ÷ 30 = □ ⋯ □   □ ÷ 30 = □ ⋯ □

□ ÷ 30 = □ ⋯ □   □ ÷ 30 = □ ⋯ □

3 나머지가 가장 클 때의 나눗셈식을 모두 써 보시오.

□ ÷ 30 = □ ⋯ □   □ ÷ 30 = □ ⋯ □

□ ÷ 30 = □ ⋯ □   □ ÷ 30 = □ ⋯ □

□ ÷ 30 = □ ⋯ □   □ ÷ 30 = □ ⋯ □

□ ÷ 30 = □ ⋯ □

⏰ ♥는 두 자리 수, ⭐은 한 자리 수입니다. 보기 를 참고하여 조건에 맞는 나눗셈식을 만들어 보시오. (4~8)

보기

130÷♥=⭐ 에서 130÷⭐=♥이므로 130을 한 자리 수인 ⭐로 나누어떨어지게
하는 경우는 130÷1=130, 130÷2=65, 130÷5=26입니다.
따라서 130÷♥=⭐을 만족하는 나눗셈식은 130÷65=2, 130÷26=5입니다.

4 246÷♥=⭐

$246 \div \boxed{} = \boxed{}$　　$246 \div \boxed{} = \boxed{}$

5 348÷♥=⭐

$348 \div \boxed{} = \boxed{}$　　$348 \div \boxed{} = \boxed{}$

6 150÷♥=⭐

$150 \div \boxed{} = \boxed{}$　　$150 \div \boxed{} = \boxed{}$

$150 \div \boxed{} = \boxed{}$　　$150 \div \boxed{} = \boxed{}$

7 280÷♥=⭐

$280 \div \boxed{} = \boxed{}$　　$280 \div \boxed{} = \boxed{}$

$280 \div \boxed{} = \boxed{}$　　$280 \div \boxed{} = \boxed{}$

8 126÷♥=⭐

$126 \div \boxed{} = \boxed{}$　　$126 \div \boxed{} = \boxed{}$

$126 \div \boxed{} = \boxed{}$　　$126 \div \boxed{} = \boxed{}$

$126 \div \boxed{} = \boxed{}$

확인 평가

1
```
    3 0 0
×    4 0
```

2
```
    2 7 0
×    3 0
```

3
```
    4 8 0
×    5 0
```

4
```
    5 7 2
×    3 0
```

5
```
    6 2 5
×    2 0
```

6
```
    4 9 7
×    5 0
```

7
```
    6 2 7
×    3 2
```

8
```
    5 4 8
×    3 6
```

9
```
    6 7 2
×    5 8
```

10 700×90

11 690×80

12 548×30

13 972×40

14 427×46

15 547×69

16 514×27

17 625×25

18 827×66

19 747×88

걸린 시간	1~15분	15~20분	20~25분
맞은 개수	32~35개	25~31개	1~24개
평가	참 잘했어요.	잘했어요.	좀더 노력해요.

계산을 하고 검산해 보시오. (20 ~ 27)

20 $30\overline{)94}$

검산 ______________________

21 $20\overline{)87}$

검산 ______________________

22 $40\overline{)285}$

검산 ______________________

23 $80\overline{)574}$

검산 ______________________

24 $19\overline{)76}$

검산 ______________________

25 $27\overline{)81}$

검산 ______________________

26 $13\overline{)57}$

검산 ______________________

27 $12\overline{)93}$

검산 ______________________

⏰ 계산을 하고 검산해 보시오. (28 ~ 35)

28

$$47\overline{)376}$$

검산 _____

29

$$28\overline{)255}$$

검산 _____

30

$$34\overline{)510}$$

검산 _____

31

$$21\overline{)831}$$

검산 _____

32 $644 \div 92 = \boxed{}$

검산 _____

33 $918 \div 27 = \boxed{}$

검산 _____

34 $201 \div 48 = \boxed{} \cdots \boxed{}$

검산 _____

35 $648 \div 15 = \boxed{} \cdots \boxed{}$

검산 _____

초등 수학의 기본은 연산력!!

신기한 연산왕

정답 D-1

초4 수준

정답

1 다섯 자리 수(1)

학습 날짜
월 일

- 1000이 10개인 수를 10000 또는 1만이라 쓰고, 만 또는 일만이라고 읽습니다.
- 10000이 3개, 1000이 4개, 100이 2개, 10이 5개, 1이 8개인 수를 34258이라 쓰고, 삼만 사천이백오십팔이라고 읽습니다.

	만의 자리	천의 자리	백의 자리	십의 자리	일의 자리
숫자	3	4	2	5	8
나타내는 값	30000	4000	200	50	8

➡ 34258＝30000＋4000＋200＋50＋8

🕐 그림을 보고 □ 안에 알맞은 수를 써넣으시오. (1~5)

1 1000원짜리 지폐가 6장이면 6000 원입니다.

2 1000원짜리 지폐가 7장이면 7000 원입니다.

3 1000원짜리 지폐가 8장이면 8000 원입니다.

4 1000원짜리 지폐가 9장이면 9000 원입니다.

5 1000원짜리 지폐가 10장이면 10000 원입니다.

계산은 빠르고 정확하게!

걸린 시간	1~4분	4~6분	6~8분
맞은 개수	14~15개	11~13개	1~10개
평가	참 잘했어요.	잘했어요.	좀더 노력해요.

🕐 □ 안에 알맞은 수를 써넣으시오. (6~15)

6 10000은 9000보다 1000 큰 수입니다.

7 10000은 9900보다 100 큰 수입니다.

8 10000은 9990보다 10 큰 수입니다.

9 10000은 9999보다 1 큰 수입니다.

10 10000이 4개이면 40000 입니다.

11 10000이 6개이면 60000 입니다.

12 10000이 9개이면 90000 입니다.

13 10000이 5개이면 50000 입니다.

14 10000이 7개이면 70000 입니다.

15 10000이 8개이면 80000 입니다.

1 다섯 자리 수(2)

학습 날짜
월 일

🕐 □ 안에 알맞은 수를 써넣으시오. (1~10)

1 10000이 4개, 1000이 6개, 100이 3개, 10이 5개, 1이 8개인 수는 46358 입니다.

2 10000이 5개, 1000이 9개, 100이 7개, 10이 4개, 1이 2개인 수는 59742 입니다.

3 10000이 2개, 1000이 7개, 100이 4개, 10이 0개, 1이 3개인 수는 27403 입니다.

4 10000이 5개, 1000이 9개, 100이 8개, 10이 2개, 1이 4개인 수는 59824 입니다.

5 10000이 6개, 1000이 3개, 100이 2개, 10이 3개, 1이 7개인 수는 63237 입니다.

6 10000이 8개, 1000이 0개, 100이 1개, 10이 2개, 1이 5개인 수는 80125 입니다.

7 10000이 2개, 1000이 4개, 100이 6개, 10이 8개, 1이 0개인 수는 24680 입니다.

8 10000이 9개, 1000이 3개, 100이 6개, 10이 5개, 1이 8개인 수는 93658 입니다.

9 10000이 4개, 1000이 6개, 100이 1개, 10이 9개, 1이 6개인 수는 46196 입니다.

10 10000이 3개, 1000이 7개, 100이 0개, 10이 0개, 1이 4개인 수는 37004 입니다.

계산은 빠르고 정확하게!

걸린 시간	1~6분	6~9분	9~12분
맞은 개수	17~18개	13~16개	1~12개
평가	참 잘했어요.	잘했어요.	좀더 노력해요.

🕐 □ 안에 알맞은 수를 써넣으시오. (11~18)

11 13597은 10000이 1 개, 1000이 3 개, 100이 5 개, 10이 9 개, 1이 7 개인 수입니다.

12 56984는 10000이 5 개, 1000이 6 개, 100이 9 개, 10이 8 개, 1이 4 개인 수입니다.

13 36982는 10000이 3 개, 1000이 6 개, 100이 9 개, 10이 8 개, 1이 2 개인 수입니다.

14 69871은 10000이 6 개, 1000이 9 개, 100이 8 개, 10이 7 개, 1이 1 개인 수입니다.

15 32475는 10000이 3 개, 1000이 2 개, 100이 4 개, 10이 7 개, 1이 5 개인 수입니다.

16 42078은 10000이 4 개, 1000이 2 개, 100이 0 개, 10이 7 개, 1이 8 개인 수입니다.

17 72893은 10000이 7 개, 1000이 2 개, 100이 8 개, 10이 9 개, 1이 3 개인 수입니다.

18 94168은 10000이 9 개, 1000이 4 개, 100이 1 개, 10이 6 개, 1이 8 개인 수입니다.

1 다섯 자리 수(3)

월 일

계산은 빠르고 정확하게!

걸린 시간	1~5분	5~7분	7~10분
맞은 개수	15~16개	12~14개	1~11개
평가	참 잘했어요.	잘했어요.	좀더 노력해요.

□ 안에 알맞은 수를 써넣으시오. (1~8)

1
10000이 1개
1000이 5개
100이 6개 ─ 이면 15693
10이 9개
1이 3개

2
10000이 6개
1000이 1개
100이 4개 ─ 이면 61458
10이 5개
1이 8개

3
10000이 2개
1000이 6개
100이 5개 ─ 이면 26587
10이 8개
1이 7개

4
10000이 2개
1000이 8개
100이 5개 ─ 이면 28530
10이 3개
1이 0개

5
10000이 4개
1000이 0개
100이 8개 ─ 이면 40826
10이 2개
1이 6개

6
10000이 8개
1000이 3개
100이 9개 ─ 이면 83974
10이 7개
1이 4개

7
10000이 6개
1000이 3개
100이 7개 ─ 이면 63782
10이 8개
1이 2개

8
10000이 9개
1000이 8개
100이 7개 ─ 이면 98725
10이 2개
1이 5개

□ 안에 알맞은 수를 써넣으시오. (9~16)

9
12357은
10000이 1개
1000이 2개
100이 3개
10이 5개
1이 7개

10
24564는
10000이 2개
1000이 4개
100이 5개
10이 6개
1이 4개

11
34589는
10000이 3개
1000이 4개
100이 5개
10이 8개
1이 9개

12
63981은
10000이 6개
1000이 3개
100이 9개
10이 8개
1이 1개

13
63587은
10000이 6개
1000이 3개
100이 5개
10이 8개
1이 7개

14
90843은
10000이 9개
1000이 0개
100이 8개
10이 4개
1이 3개

15
79058은
10000이 7개
1000이 9개
100이 0개
10이 5개
1이 8개

16
36987은
10000이 3개
1000이 6개
100이 9개
10이 8개
1이 7개

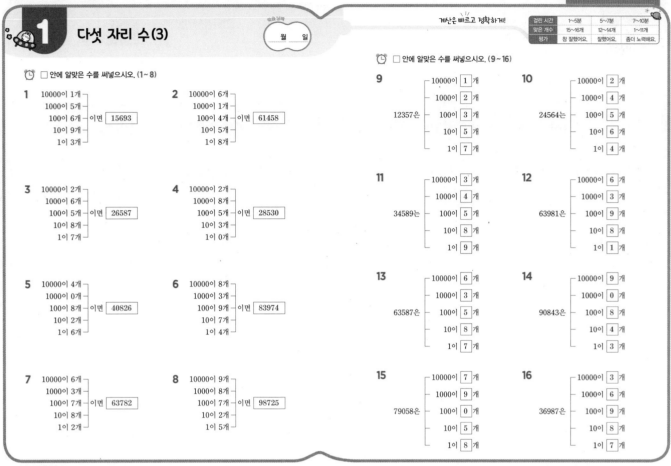

---

1 다섯 자리 수(4)

월 일

계산은 빠르고 정확하게!

걸린 시간	1~6분	6~9분	9~12분
맞은 개수	17~18개	13~16개	1~12개
평가	참 잘했어요.	잘했어요.	좀더 노력해요.

수를 읽어 보시오. (1~9)

1 36000 ➡ (삼만 육천)

2 27400 ➡ (이만 칠천사백)

3 41580 ➡ (사만 천오백팔십)

4 39752 ➡ (삼만 구천칠백오십이)

5 64084 ➡ (육만 사천팔십사)

6 72419 ➡ (칠만 이천사백십구)

7 98534 ➡ (구만 팔천오백삼십사)

8 54172 ➡ (오만 사천백칠십이)

9 80924 ➡ (팔만 구백이십사)

수로 나타내시오. (10~18)

10 이만 오천 ➡ (25000)

11 사만 이천칠백 ➡ (42700)

12 오만 사천팔백이십 ➡ (54820)

13 삼만 육천오백사십칠 ➡ (36547)

14 구만 칠백구십팔 ➡ (90798)

15 칠만 팔백칠십사 ➡ (70874)

16 육만 오천구백사십일 ➡ (65941)

17 팔만 천사백오십칠 ➡ (81457)

18 사만 삼천칠백육십오 ➡ (43765)

1 다섯 자리 수(5)

학습 날짜
월 일

□ 안에 알맞은 수를 써넣으시오. (1~5)

1

만의 자리	천의 자리	백의 자리	십의 자리	일의 자리
1	4	5	6	7

14567 = 10000 + 4000 + 500 + 60 + 7

2

만의 자리	천의 자리	백의 자리	십의 자리	일의 자리
3	2	4	7	8

32478 = 30000 + 2000 + 400 + 70 + 8

3

만의 자리	천의 자리	백의 자리	십의 자리	일의 자리
5	9	4	2	7

59427 = 50000 + 9000 + 400 + 20 + 7

4

만의 자리	천의 자리	백의 자리	십의 자리	일의 자리
6	7	1	9	4

67194 = 60000 + 7000 + 100 + 90 + 4

5

만의 자리	천의 자리	백의 자리	십의 자리	일의 자리
4	9	7	1	5

49715 = 40000 + 9000 + 700 + 10 + 5

보기 와 같이 각 자리 숫자가 나타내는 값의 합으로 나타내시오. (6~12)

보기
19568 = 10000 + 9000 + 500 + 60 + 8

6 29658 = 20000 + 9000 + 600 + 50 + 8

7 96358 = 90000 + 6000 + 300 + 50 + 8

8 25763 = 20000 + 5000 + 700 + 60 + 3

9 98532 = 90000 + 8000 + 500 + 30 + 2

10 26358 = 20000 + 6000 + 300 + 50 + 8

11 36984 = 30000 + 6000 + 900 + 80 + 4

12 58726 = 50000 + 8000 + 700 + 20 + 6

2 천만 단위까지의 수(1)

학습 날짜
월 일

10000이 3547개이면 35470000 또는 3547만이라 쓰고, 삼천오백사십칠만이라고 읽습니다.

3	5	4	7	0	0	0	0
천	백	십	일	천	백	십	일
			만				

35470000 = 30000000 + 5000000 + 400000 + 70000

주어진 수를 두 가지 방법으로 쓰고 읽어 보시오. (1~4)

1 만이 10개인 수 ➡
- 쓰기: 100000   또는 10만
- 읽기: 십만

2 만이 100개인 수 ➡
- 쓰기: 1000000   또는 100만
- 읽기: 백만

3 만이 1000개인 수 ➡
- 쓰기: 10000000   또는 1000만
- 읽기: 천만

4 만이 1328개인 수 ➡
- 쓰기: 13280000   또는 1328만
- 읽기: 천삼백이십팔만

□ 안에 알맞은 수를 써넣으시오. (5~13)

5 만이 18개이면 180000 또는 18 만이라고 씁니다.

6 만이 64개이면 640000 또는 64 만이라고 씁니다.

7 만이 71개이면 710000 또는 71 만이라고 씁니다.

8 만이 246개이면 2460000 또는 246 만이라고 씁니다.

9 만이 408개이면 4080000 또는 408 만이라고 씁니다.

10 만이 914개이면 9140000 또는 914 만이라고 씁니다.

11 만이 1042개이면 10420000 또는 1042 만이라고 씁니다.

12 만이 5489개이면 54890000 또는 5489 만이라고 씁니다.

13 만이 8497개이면 84970000 또는 8497 만이라고 씁니다.

2 천만 단위까지의 수(2)

확인 날짜
월 일

계산은 빠르고 정확하게!

걸린 시간	1~5분	5~8분	8~10분
맞은 개수	17~18개	13~16개	1~12개
평가	참 잘했어요.	잘했어요.	좀더 노력해요.

□ 안에 알맞은 수를 써넣으시오. (1~9)

1 만이 12개, 일이 2356개인 수 ➡ 122356

2 만이 26개, 일이 1529개인 수 ➡ 261529

3 만이 69개, 일이 4598개인 수 ➡ 694598

4 만이 598개, 일이 5028개인 수 ➡ 5985028

5 만이 985개, 일이 7852개인 수 ➡ 9857852

6 만이 325개, 일이 3028개인 수 ➡ 3253028

7 만이 2058개, 일이 853개인 수 ➡ 20580853

8 만이 3698개, 일이 2830개인 수 ➡ 36982830

9 만이 7538개, 일이 4108개인 수 ➡ 75384108

□ 안에 알맞은 수를 써넣으시오. (10~18)

10 235678 ➡ 만이 23 개, 일이 5678 개인 수

11 369872 ➡ 만이 36 개, 일이 9872 개인 수

12 605987 ➡ 만이 60 개, 일이 5987 개인 수

13 2468526 ➡ 만이 246 개, 일이 8526 개인 수

14 5698408 ➡ 만이 569 개, 일이 8408 개인 수

15 4826581 ➡ 만이 482 개, 일이 6581 개인 수

16 30506989 ➡ 만이 3050 개, 일이 6989 개인 수

17 85214965 ➡ 만이 8521 개, 일이 4965 개인 수

18 65894128 ➡ 만이 6589 개, 일이 4128 개인 수

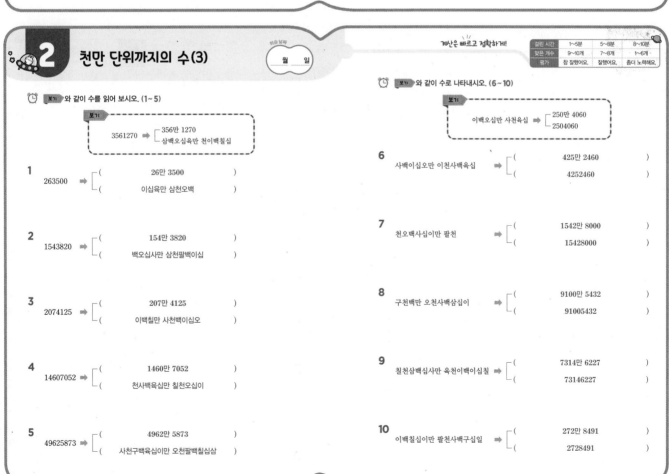

2 천만 단위까지의 수(3)

확인 날짜
월 일

계산은 빠르고 정확하게!

걸린 시간	1~5분	5~8분	8~10분
맞은 개수	9~10개	7~8개	1~6개
평가	참 잘했어요.	잘했어요.	좀더 노력해요.

보기 와 같이 수를 읽어 보시오. (1~5)

보기
3561270 ➡ [356만 1270
삼백오십육만 천이백칠십]

1 263500 ➡ [26만 3500
이십육만 삼천오백]

2 1543820 ➡ [154만 3820
백오십사만 삼천팔백이십]

3 2074125 ➡ [207만 4125
이백칠만 사천백이십오]

4 14607052 ➡ [1460만 7052
천사백육십만 칠천오십이]

5 49625873 ➡ [4962만 5873
사천구백육십이만 오천팔백칠십삼]

보기 와 같이 수로 나타내시오. (6~10)

보기
이백오십만 사천육십 ➡ [250만 4060
2504060]

6 사백이십오만 이천사백육십 ➡ [(425만 2460)
(4252460)]

7 천오백사십이만 팔천 ➡ [(1542만 8000)
(15428000)]

8 구천백만 오천사백삼십이 ➡ [(9100만 5432)
(91005432)]

9 칠천삼백십사만 육천이백이십칠 ➡ [(7314만 6227)
(73146227)]

10 이백칠십이만 팔천사백구십일 ➡ [(272만 8491)
(2728491)]

2 천만 단위까지의 수(4)

월 일

계산은 빠르고 정확하게!

걸린 시간	1~6분	6~9분	9~12분
맞은 개수	17~18개	13~16개	1~12개
평가	참 잘했어요.	잘했어요.	좀더 노력해요.

수를 읽어 보시오. (1~9)

1 386000 ➡ (삼십팔만 육천)

2 594580 ➡ (오십구만 사천오백팔십)

3 625027 ➡ (육십이만 오천이십칠)

4 1369850 ➡ (백삼십육만 구천팔백오십)

5 2398501 ➡ (이백삼십구만 팔천오백일)

6 9657821 ➡ (구백육십오만 칠천팔백이십일)

7 32698400 ➡ (삼천이백육십구만 팔천사백)

8 13598109 ➡ (천삼백오십구만 팔천백구)

9 24680135 ➡ (이천사백육십팔만 백삼십오)

수로 나타내시오. (10~18)

10 십오만 사천오백팔십 ➡ (154580)

11 사십칠만 구천사십삼 ➡ (479043)

12 팔십만 이천구백칠십이 ➡ (802972)

13 백사만 삼천사백오십칠 ➡ (1043457)

14 오백십구만 사천이십일 ➡ (5194021)

15 이백오십만 칠천사백십이 ➡ (2507412)

16 구천사백오십만 육천오백 ➡ (94506500)

17 칠천구만 사천오백사십팔 ➡ (70094588)

18 육천백삼만 천구백사십사 ➡ (61031944)

3 천억 단위까지의 수(1)

월 일

계산은 빠르고 정확하게!

걸린 시간	1~6분	6~9분	9~12분
맞은 개수	12~13개	10~11개	1~9개
평가	참 잘했어요.	잘했어요.	좀더 노력해요.

1억이 2457개이면 245700000000 또는 2457억이라 쓰고, 이천사백오십칠억이라고 읽습니다.

2	4	5	7	0	0	0	0	0	0	0	0
천	백	십	일	천	백	십	일	천	백	십	일
			억				만				

245700000000＝200000000000＋40000000000＋5000000000＋700000000

주어진 수를 두 가지 방법으로 쓰고 읽어 보시오. (1~4)

1 억이 10개인 수 ➡ 쓰기: 1000000000 또는 10억
읽기: 십억

2 억이 100개인 수 ➡ 쓰기: 10000000000 또는 100억
읽기: 백억

3 억이 1000개인 수 ➡ 쓰기: 100000000000 또는 1000억
읽기: 천억

4 억이 6273개인 수 ➡ 쓰기: 627300000000 또는 6273억
읽기: 육천이백칠십삼억

□ 안에 알맞은 수를 써넣으시오. (5~13)

5 억이 12개이면 1200000000 또는 12 억이라고 씁니다.

6 억이 26개이면 2600000000 또는 26 억이라고 씁니다.

7 억이 41개이면 4100000000 또는 41 억이라고 씁니다.

8 억이 104개이면 10400000000 또는 104 억이라고 씁니다.

9 억이 426개이면 42600000000 또는 426 억이라고 씁니다.

10 억이 512개이면 51200000000 또는 512 억이라고 씁니다.

11 억이 1028개이면 102800000000 또는 1028 억이라고 씁니다.

12 억이 3654개이면 365400000000 또는 3654 억이라고 씁니다.

13 억이 7260개이면 726000000000 또는 7260 억이라고 씁니다.

3 천억 단위까지의 수(2)

월 일

계산은 빠르고 정확하게!

걸린 시간	1~6분	6~9분	9~12분
맞은 개수	17~18개	13~16개	1~12개
평가	참 잘했어요.	잘했어요.	좀더 노력해요.

☐ 안에 알맞은 수를 써넣으시오. (1~9)

1 억이 9개, 만이 5897개인 수 ➡ 958970000

2 억이 7개, 만이 258개인 수 ➡ 702580000

3 억이 58개, 만이 1705개인 수 ➡ 5817050000

4 억이 23개, 만이 4368개인 수 ➡ 2343680000

5 억이 985개, 만이 5287개인 수 ➡ 98552870000

6 억이 325개, 만이 9500개인 수 ➡ 32595000000

7 억이 1238개, 만이 5236개, 일이 9658개인 수 ➡ 123852369658

8 억이 27개, 만이 123개, 일이 85개인 수 ➡ 2701230085

9 억이 528개, 만이 6000개, 일이 326개인 수 ➡ 52860000326

☐ 안에 알맞은 수를 써넣으시오. (10~18)

10 1265890000 ➡ 억이 12 개, 만이 6589 개인 수

11 6585670000 ➡ 억이 65 개, 만이 8567 개인 수

12 1932580000 ➡ 억이 19 개, 만이 3258 개인 수

13 63574560000 ➡ 억이 635 개, 만이 7456 개인 수

14 52608590000 ➡ 억이 526 개, 만이 859 개인 수

15 65835000000 ➡ 억이 658 개, 만이 3500 개인 수

16 205896550000 ➡ 억이 2058 개, 만이 9655 개인 수

17 958723650000 ➡ 억이 9587 개, 만이 2365 개인 수

18 639425870000 ➡ 억이 6394 개, 만이 2587 개인 수

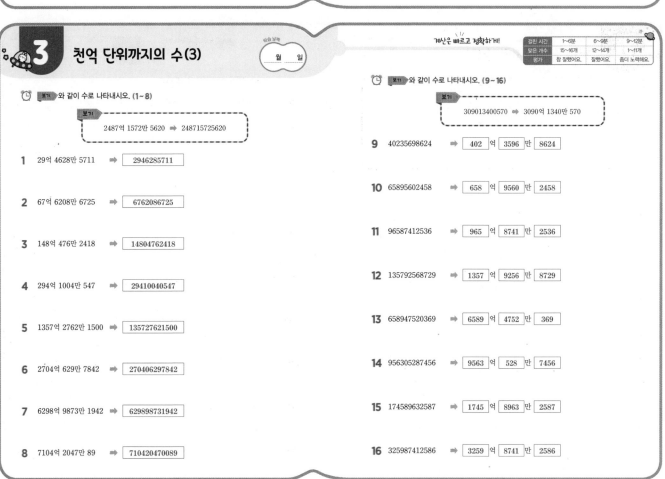

3 천억 단위까지의 수(3)

월 일

계산은 빠르고 정확하게!

걸린 시간	1~6분	6~9분	9~12분
맞은 개수	15~16개	12~14개	1~11개
평가	참 잘했어요.	잘했어요.	좀더 노력해요.

보기 와 같이 수로 나타내시오. (1~8)

보기
2487억 1572만 5620 ➡ 248715725620

1 29억 4628만 5711 ➡ 2946285711

2 67억 6208만 6725 ➡ 6762086725

3 148억 476만 2418 ➡ 14804762418

4 294억 1004만 547 ➡ 29410040547

5 1357억 2762만 1500 ➡ 135727621500

6 2704억 629만 7842 ➡ 270406297842

7 6298억 9873만 1942 ➡ 629898731942

8 7104억 2047만 89 ➡ 710420470089

보기 와 같이 수로 나타내시오. (9~16)

보기
309013400570 ➡ 3090억 1340만 570

9 40235698624 ➡ 402 억 3596 만 8624

10 65895602458 ➡ 658 억 9560 만 2458

11 96587412536 ➡ 965 억 8741 만 2536

12 135792568729 ➡ 1357 억 9256 만 8729

13 658947520369 ➡ 6589 억 4752 만 369

14 956305287456 ➡ 9563 억 528 만 7456

15 174589632587 ➡ 1745 억 8963 만 2587

16 325987412586 ➡ 3259 억 8741 만 2586

정답

3 천억 단위까지의 수(4)

학습 날짜 월 일

계산은 빠르고 정확하게!

걸린 시간	1~10분	10~15분	15~20분
맞은 개수	17~18개	13~16개	1~12개
평가	참 잘했어요.	잘했어요.	좀더 노력해요.

⏰ 수를 읽어 보시오. (1~9)

1 1236580000 ➡ (십이억 삼천육백오십팔만)

2 3687000000 ➡ (삼십육억 팔천칠백만)

3 7265821500 ➡ (칠십이억 육천오백팔십이만 천오백)

4 10286254700 ➡ (백이억 팔천육백이십오만 사천칠백)

5 25047651257 ➡ (이백오십억 사천칠백육십오만 천이백오십칠)

6 36854210369 ➡ (삼백육십팔억 오천사백이십일만 삼백육십구)

7 125865740025 ➡ (천이백오십팔억 육천오백칠십사만 이십오)

8 465895413257 ➡ (사천육백오십팔억 구천오백사십일만 삼천이백오십칠)

9 852601475230 ➡ (팔천오백이십육억 백사십칠만 오천이백삼십)

⏰ 수로 나타내시오. (10~18)

10 십이억 오천구백만 이천사백칠십 ➡ (1259002470)

11 삼십오억 육천오백칠만 삼천육백사 ➡ (3565073604)

12 오십억 사천팔백만 구천사백오십육 ➡ (5048009456)

13 백이십칠억 구천사백오만 천백이십 ➡ (12794051120)

14 오백십이억 구백칠만 사천팔십구 ➡ (51209074089)

15 칠천구백사십오억 천구백사만 오천 ➡ (794519045000)

16 이천오백팔십칠억 사천칠백구십만 ➡ (258747900000)

17 삼천육백이십오억 이천구십구만 사천팔십 ➡ (362520994080)

18 사천오억 천사백이십일만 구천사백오십칠 ➡ (400514219457)

4 천조 단위까지의 수(1)

학습 날짜 월 일

계산은 빠르고 정확하게!

걸린 시간	1~6분	6~9분	9~12분
맞은 개수	12~13개	10~11개	1~9개
평가	참 잘했어요.	잘했어요.	좀더 노력해요.

1조가 2587개이면 2587000000000000 또는 2587조라 쓰고, 이천오백팔칠조라고 읽습니다.

2	5	8	7	0	0	0	0	0	0	0	0	0	0	0	0
천	백	십	일	천	백	십	일	천	백	십	일	천	백	십	일
		조				억				만					

2587000000000000 = 2000000000000000 + 500000000000000
+ 80000000000000 + 7000000000000

⏰ 주어진 수를 두 가지 방법으로 쓰고 읽어 보시오. (1~4)

1 조가 10개인 수 ➡
쓰기: 10000000000000 또는 10조
읽기: 십조

2 조가 100개인 수 ➡
쓰기: 100000000000000 또는 100조
읽기: 백조

3 조가 1000개인 수 ➡
쓰기: 1000000000000000 또는 1000조
읽기: 천조

4 조가 3658개인 수 ➡
쓰기: 3658000000000000 또는 3658조
읽기: 삼천육백오십팔조

⏰ ☐ 안에 알맞은 수를 써넣으시오. (5~13)

5 조가 14개이면 14000000000000 또는 14 조라고 씁니다.

6 조가 22개이면 22000000000000 또는 22 조라고 씁니다.

7 조가 48개이면 48000000000000 또는 48 조라고 씁니다.

8 조가 106개이면 106000000000000 또는 106 조라고 씁니다.

9 조가 368개이면 368000000000000 또는 368 조라고 씁니다.

10 조가 423개이면 423000000000000 또는 423 조라고 씁니다.

11 조가 1258개이면 1258000000000000 또는 1258 조라고 씁니다.

12 조가 2460개이면 2460000000000000 또는 2460 조라고 씁니다.

13 조가 6153개이면 6153000000000000 또는 6153 조라고 씁니다.

4 천조 단위까지의 수(2)

월 일

계산은 빠르고 정확하게!

걸린 시간	1~8분	8~12분	12~16분
맞은 개수	15~16개	12~14개	1~11개
평가	참 잘했어요	잘했어요	좀더 노력해요

수로 나타내시오. (1~7)

1 조가 2개, 억이 4258개인 수
➡ 2425800000000

2 조가 23개, 억이 1498개인 수
➡ 23149800000000

3 조가 197개, 억이 3258개, 만이 9578개인 수
➡ 197325895780000

4 조가 369개, 억이 589개, 만이 4500개인 수
➡ 369058945000000

5 조가 1256개, 억이 6870개, 만이 3258개인 수
➡ 1256687032580000

6 조가 987개, 억이 1258개, 만이 6723개, 일이 5000개인 수
➡ 987125867235000

7 조가 6405개, 억이 5832개, 만이 875개, 일이 9874개인 수
➡ 6405583208759874

□ 안에 알맞은 수를 써넣으시오. (8~16)

8 36456800000000 ➡ 조가 36 개, 억이 4568 개인 수

9 95205700000000 ➡ 조가 95 개, 억이 2057 개인 수

10 96058700000000 ➡ 조가 96 개, 억이 587 개인 수

11 197625400000000 ➡ 조가 197 개, 억이 6254 개인 수

12 369852400000000 ➡ 조가 369 개, 억이 8524 개인 수

13 568625900000000 ➡ 조가 568 개, 억이 6259 개인 수

14 1357896500000000 ➡ 조가 1357 개, 억이 8965 개인 수

15 2685075000000000 ➡ 조가 2685 개, 억이 750 개인 수

16 9568741200000000 ➡ 조가 9568 개, 억이 7412 개인 수

---

4 천조 단위까지의 수(3)

월 일

계산은 빠르고 정확하게!

걸린 시간	1~8분	8~12분	12~16분
맞은 개수	15~16개	12~14개	1~11개
평가	참 잘했어요	잘했어요	좀더 노력해요

보기 와 같이 수로 나타내시오. (1~8)

보기
48조 1587억 4300만 2750 ➡ 48158743002750

1 6조 487억 2450만 1572 ➡ 6048724501572

2 3조 5242억 1450만 257 ➡ 3524214500257

3 14조 2750억 495만 6254 ➡ 14275004956254

4 38조 1576억 2465만 571 ➡ 38157624650571

5 148조 947억 627만 1429 ➡ 148094706271429

6 542조 1275억 120만 4159 ➡ 542127501204159

7 6210조 470억 1357만 2473 ➡ 6210047013572473

8 7108조 1627억 2964만 1378 ➡ 7108162729641378

보기 와 같이 수로 나타내시오. (9~16)

보기
125689752364750 ➡ 125조 6897억 5236만 4750

9 2356785642850 ➡ 2 조 3567 억 8564 만 2850

10 9852065271238 ➡ 9 조 8520 억 6527 만 1238

11 13658975683056 ➡ 13 조 6589 억 7568 만 3056

12 38058796354589 ➡ 38 조 587 억 9635 만 4589

13 658745632852500 ➡ 658 조 7456 억 3285 만 2500

14 987458606853217 ➡ 987 조 4586 억 685 만 3217

15 3278951786294583 ➡ 3278 조 9517 억 8629 만 4583

16 8852369871259536 ➡ 8852 조 3698 억 7125 만 9536

4 천조 단위까지의 수(4)

월 일

⏰ 수를 읽어 보시오. (1~7)

1 32565800000000
➡ (삼십이조 오천육백오십팔억)

2 16368700000000
➡ (십육조 삼천육백팔십칠억)

3 626582100000000
➡ (육백이십육조 오천팔백이십일억)

4 364102895000000
➡ (삼백육십사조 천이십팔억 구천오백만)

5 645425823000000
➡ (육백사십오조 사천이백오십팔억 이천삼백만)

6 8368542103690000
➡ (팔천삼백육십팔조 오천사백이십일억 삼백육십구만)

7 3125865741500000
➡ (삼천백이십오조 팔천육백오십칠억 사천백오십만)

⏰ 수로 나타내시오. (8~14)

8 사십이조 오천구백억 사천이백오십만
➡ (42590042500000)

9 십칠조 팔십오억 육천사백이만
➡ (17008564020000)

10 사백이십오조 이백삼억 이천팔백만
➡ (425020328000000)

11 백육십오조 사천칠백구억 백이십칠만 구천사백오십
➡ (165470901279450)

12 육백이십오조 칠천구백이십억 사백칠십이만 사천팔십이
➡ (625792004724082)

13 천육백이십오조 오천이백사십오억 칠천구백사십사만 사천이백십팔
➡ (1625524579454218)

14 구천사백삼조 삼천이백육십오억 구백육십오만 천칠백구십일
➡ (9403326509651791)

계산은 빠르고 정확하게!

걸린 시간	1~8분	8~12분	12~16분
맞은 개수	13~14개	11~12개	1~10개
평가	참 잘했어요.	잘했어요.	좀더 노력해요.

5 뛰어 세기(1)

월 일

• ★의 자리 숫자가 1씩 커지면 ★씩 뛰어 센 것입니다.
52만─62만─72만 ➡ 10만씩 뛰어 세기 했습니다.
• 10배씩 뛰어 세기: 10배를 하면 수의 뒤에 0이 1개 더 붙습니다.
20만 $\xrightarrow{10배}$ 200만 $\xrightarrow{10배}$ 2000만

⏰ □ 안에 알맞은 수를 써넣으시오. (1~4)

1 35000 — 45000 — 55000 — 65000 — 75000
만의 자리 숫자가 1씩 커지므로 [10000] 씩 뛰어서 센 것입니다.

2 135700 — 235700 — 335700 — 435700 — 535700
십만의 자리 숫자가 1씩 커지므로 [100000] 씩 뛰어서 센 것입니다.

3 246억 — 256억 — 266억 — 276억 — 286억
십억의 자리 숫자가 1씩 커지므로 [10] 억씩 뛰어서 센 것입니다.

4 1328조 — 1428조 — 1528조 — 1628조 — 1728조
백조의 자리 숫자가 1씩 커지므로 [100] 조씩 뛰어서 센 것입니다.

⏰ 뛰어 세기를 했습니다. 빈 곳에 알맞은 수를 써넣으시오. (5~10)

5 10만씩 뛰어 세기
145만 — 155만 — 165만 — 175만 — 185만

6 1000만씩 뛰어 세기
4625만 — 5625만 — 6625만 — 7625만 — 8625만

7 100억씩 뛰어 세기
595억 — 695억 — 795억 — 895억 — 995억

8 1000억씩 뛰어 세기
2468억 — 3468억 — 4468억 — 5468억 — 6468억

9 10조씩 뛰어 세기
775조 — 785조 — 795조 — 805조 — 815조

10 100조씩 뛰어 세기
1654조 — 1754조 — 1854조 — 1954조 — 2054조

5 뛰어 세기 (2)

월 일

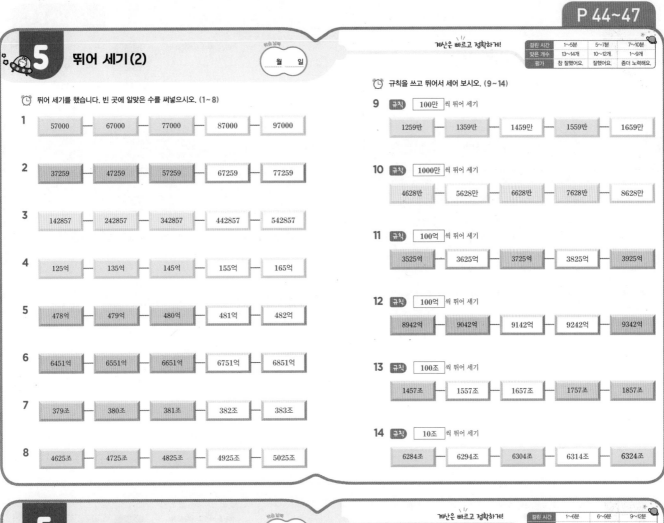

뛰어 세기를 했습니다. 빈 곳에 알맞은 수를 써넣으시오. (1~8)

1 57000 → 67000 → 77000 → 87000 → 97000

2 37259 → 47259 → 57259 → 67259 → 77259

3 142857 → 242857 → 342857 → 442857 → 542857

4 125억 → 135억 → 145억 → 155억 → 165억

5 478억 → 479억 → 480억 → 481억 → 482억

6 6451억 → 6551억 → 6651억 → 6751억 → 6851억

7 379조 → 380조 → 381조 → 382조 → 383조

8 4625조 → 4725조 → 4825조 → 4925조 → 5025조

계산은 빠르고 정확하게!

걸린 시간	1~5분	5~7분	7~10분
맞은 개수	13~14개	10~12개	1~9개
평가	참 잘했어요.	잘했어요.	좀더 노력해요.

규칙을 쓰고 뛰어서 세어 보시오. (9~14)

9 규칙 100만 씩 뛰어 세기

1259만 → 1359만 → 1459만 → 1559만 → 1659만

10 규칙 1000만 씩 뛰어 세기

4628만 → 5628만 → 6628만 → 7628만 → 8628만

11 규칙 100억 씩 뛰어 세기

3525억 → 3625억 → 3725억 → 3825억 → 3925억

12 규칙 100억 씩 뛰어 세기

8942억 → 9042억 → 9142억 → 9242억 → 9342억

13 규칙 100조 씩 뛰어 세기

1457조 → 1557조 → 1657조 → 1757조 → 1857조

14 규칙 10조 씩 뛰어 세기

6284조 → 6294조 → 6304조 → 6314조 → 6324조

---

5 뛰어 세기 (3)

월 일

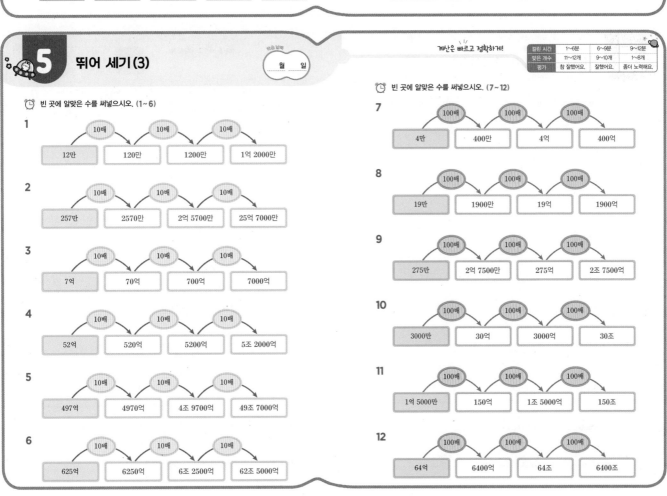

빈 곳에 알맞은 수를 써넣으시오. (1~6)

1 12만 →(10배) 120만 →(10배) 1200만 →(10배) 1억 2000만

2 257만 →(10배) 2570만 →(10배) 2억 5700만 →(10배) 25억 7000만

3 7억 →(10배) 70억 →(10배) 700억 →(10배) 7000억

4 52억 →(10배) 520억 →(10배) 5200억 →(10배) 5조 2000억

5 497억 →(10배) 4970억 →(10배) 4조 9700억 →(10배) 49조 7000억

6 625억 →(10배) 6250억 →(10배) 6조 2500억 →(10배) 62조 5000억

계산은 빠르고 정확하게!

걸린 시간	1~6분	6~9분	9~12분
맞은 개수	11~12개	9~10개	1~8개
평가	참 잘했어요.	잘했어요.	좀더 노력해요.

빈 곳에 알맞은 수를 써넣으시오. (7~12)

7 4만 →(100배) 400만 →(100배) 4억 →(100배) 400억

8 19만 →(100배) 1900만 →(100배) 19억 →(100배) 1900억

9 275만 →(100배) 2억 7500만 →(100배) 275억 →(100배) 2조 7500억

10 3000만 →(100배) 30억 →(100배) 3000억 →(100배) 30조

11 1억 5000만 →(100배) 150억 →(100배) 1조 5000억 →(100배) 150조

12 64억 →(100배) 6400억 →(100배) 64조 →(100배) 6400조

6 큰 수의 크기 비교하기(1)

 월 일

- 자릿수가 다를 때에는 자릿수가 많은 쪽이 더 큰 수입니다.

  $\underset{\text{5자리 수}}{34578} \left(<\right) \underset{\text{6자리 수}}{125478}$

- 자릿수가 같으면 가장 높은 자리의 숫자부터 차례로 비교합니다.

  $\underset{2>1}{4725629 \left(>\right) 4718974}$

🕐 두 수의 크기를 비교하여 ○ 안에 >, =, <를 알맞게 써넣으시오. (1~8)

1 $\underset{\text{6자리 수}}{364568} \left(<\right) \underset{\text{7자리 수}}{1589745}$
$6 \left(<\right) 7$

2 $\underset{\text{6자리 수}}{963258} \left(>\right) \underset{\text{5자리 수}}{58625}$
$6 \left(>\right) 5$

3 $\underset{\text{7자리 수}}{1057894} \left(>\right) \underset{\text{6자리 수}}{368475}$
$7 \left(>\right) 6$

4 $\underset{\text{8자리 수}}{32598740} \left(>\right) \underset{\text{6자리 수}}{359874}$
$8 \left(>\right) 6$

5 $\underset{\text{5자리 수}}{42587} \left(<\right) \underset{\text{7자리 수}}{1357625}$
$5 \left(<\right) 7$

6 $\underset{\text{6자리 수}}{258769} \left(>\right) \underset{\text{5자리 수}}{48765}$
$6 \left(>\right) 5$

7 $\underset{\text{8자리 수}}{10472498} \left(>\right) \underset{\text{7자리 수}}{3874625}$
$8 \left(>\right) 7$

8 $\underset{\text{6자리 수}}{410364} \left(<\right) \underset{\text{7자리 수}}{2862170}$
$6 \left(<\right) 7$

계산은 빠르고 정확하게!

걸린 시간	1~5분	5~8분	8~10분
맞은 개수	18~20개	14~17개	1~13개
평가	참 잘했어요.	잘했어요.	좀더 노력해요.

🕐 두 수의 크기를 비교하여 ○ 안에 >, =, <를 알맞게 써넣으시오. (9~20)

9 $198572 \left(>\right) 182568$
$9 \left(>\right) 8$

10 $6598714 \left(<\right) 6598720$
$1 \left(<\right) 2$

11 $2589635 \left(<\right) 3059874$
$2 \left(<\right) 3$

12 $8652698 \left(<\right) 9012368$
$8 \left(<\right) 9$

13 $472568 \left(>\right) 471962$
$2 \left(>\right) 1$

14 $6974180 \left(>\right) 6892754$
$9 \left(>\right) 8$

15 $1357948 \left(<\right) 1357950$
$4 \left(<\right) 5$

16 $62794752 \left(<\right) 71230813$
$6 \left(<\right) 7$

17 $78억 2450만 \left(<\right) 79억 150만$
$8 \left(<\right) 9$

18 $5억 4700만 \left(>\right) 5억 2950만$
$4 \left(>\right) 2$

19 $1조 6500억 \left(>\right) 1조 6350억$
$5 \left(>\right) 3$

20 $27조 300억 \left(<\right) 28조 100억$
$7 \left(<\right) 8$

6 큰 수의 크기 비교하기(2)

월 일

🕐 두 수의 크기를 비교하여 ○ 안에 >, =, <를 알맞게 써넣으시오. (1~10)

1 $6574258273 \left(>\right) 6573542678$

2 $8765439872 \left(<\right) 9782458730$

3 $123856415786 \left(<\right) 125369856974$

4 $257436804762 \left(<\right) 257436816954$

5 $315400247158 \left(>\right) 315398761358$

6 $695478796928 \left(<\right) 695478796931$

7 $1307426365873 \left(>\right) 1307426065979$

8 $5681029416328 \left(<\right) 5682674129567$

9 $474480208340000 \left(>\right) 474450283240000$

10 $2488135956840000 \left(>\right) 2478057265984789$

계산은 빠르고 정확하게!

걸린 시간	1~8분	8~12분	12~16분
맞은 개수	18~20개	14~17개	1~13개
평가	참 잘했어요.	잘했어요.	좀더 노력해요.

🕐 두 수의 크기를 비교하여 ○ 안에 >, =, <를 알맞게 써넣으시오. (11~20)

11 $125억 3700만 \left(<\right) 125억 4000만$

12 $9조 1450억 2450만 \left(>\right) 8조 6235억 4785만$

13 $28억 7850만 \left(<\right) 2889204580$

14 $127조 1580억 \left(<\right) 127162500000000$

15 $36578509657 \left(>\right) 365억 980만 7500$

16 $97154624580000 \left(<\right) 97조 1546억 3000만$

17 $258억 2658만 \left(<\right) 삼백이십오억 사천칠백오십만$

18 $7조 4500억 \left(<\right) 칠조 사천팔백육십오억$

19 $팔십오조 육천사백오십억 \left(>\right) 85조 6450만 8706$

20 $백육십팔조 오천구백칠십억 \left(<\right) 168조 5970억 1560만$

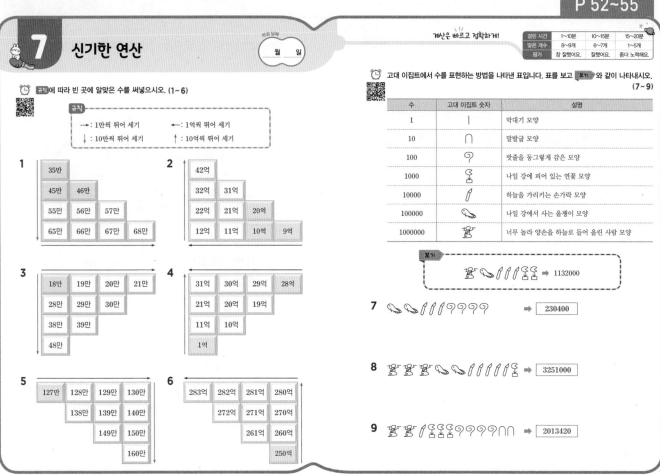
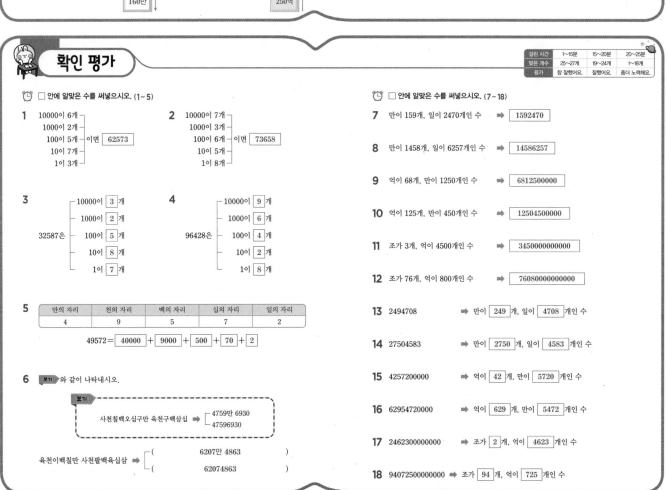

7 신기한 연산

확인 평가

확인 평가

빈 곳에 알맞은 수를 써넣으시오. (19 ~ 22)

19 [149만] — [159만] — [169만] — [179만] — [189만]

20 [2405억] — [2505억] — [2605억] — [2705억] — [2805억]

21 [150억] —(10배)→ [1500억] —(10배)→ [1조 5000억] —(10배)→ [15조]

22 [27만] —(100배)→ [2700만] —(100배)→ [27억] —(100배)→ [2700억]

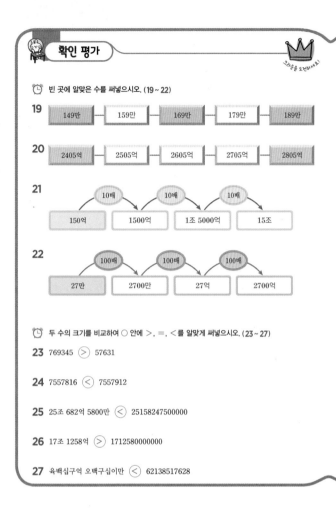

두 수의 크기를 비교하여 ○ 안에 >, =, <를 알맞게 써넣으시오. (23 ~ 27)

23 769345 (>) 57631

24 7557816 (<) 7557912

25 25조 682억 5800만 (<) 25158247500000

26 17조 1258억 (>) 1712580000000

27 육백십구억 오백구십이만 (<) 62138517628

크라운 온라인 평가 응시 방법

에듀왕닷컴 접속 www.eduwang.com
⇩
메인 상단 메뉴에서 단원평가 클릭
⇩
단계 및 단원 선택
⇩
온라인 단원평가 실시(30분 동안 평가 실시)
⇩
크라운 확인

각 단원평가를 통해 100점을 받으시면 크라운 1개를 드리며, 획득하신 크라운으로 에듀왕 닷컴에서 판매하고 있는 교재 및 서비스를 무료로 구매하실 수 있습니다.

(크라운 1개 – 1000원)

1 각도의 합(1)

월 일

각도의 합은 자연수의 덧셈과 같은 방법으로 계산합니다.

 ⇒ $20° + 35° = 55°$
$20 + 35 = 55$

□ 안에 알맞은 수를 써넣으시오. (1~6)

1

$40° + 20° = \boxed{60}°$

2

$50° + 40° = \boxed{90}°$

3

$40° + 30° = \boxed{70}°$

4

$70° + 50° = \boxed{120}°$

5

$45° + 25° = \boxed{70}°$

6

$60° + 80° = \boxed{140}°$

걸린 시간	1~3분	3~5분	5~7분
맞은 개수	13~14개	10~12개	1~9개
평가	참 잘했어요.	잘했어요.	좀더 노력해요.

□ 안에 알맞은 수를 써넣으시오. (7~14)

7

$15° + 30° = \boxed{45}°$

8

$75° + 25° = \boxed{100}°$

9

$10° + 50° = \boxed{60}°$

10

$50° + 50° = \boxed{100}°$

11

$45° + 40° = \boxed{85}°$

12

$85° + 45° = \boxed{130}°$

13

$30° + 60° = \boxed{90}°$

14

$50° + 95° = \boxed{145}°$

---

1 각도의 합(2)

월 일

□ 안에 알맞은 수를 써넣으시오. (1~5)

1
 ⇒ $50° + 30° = \boxed{80}°$

2
 ⇒ $20° + 60° = \boxed{80}°$

3
 ⇒ $90° + 40° = \boxed{130}°$

4
 ⇒ $100° + 85° = \boxed{185}°$

5
 ⇒ $120° + 105° = \boxed{225}°$

걸린 시간	1~3분	3~5분	5~7분
맞은 개수	9~10개	7~8개	1~6개
평가	참 잘했어요.	잘했어요.	좀더 노력해요.

두 각도의 합을 구하시오. (6~10)

6
 ⇒ $\boxed{60}°$

7
 ⇒ $\boxed{125}°$

8
 ⇒ $\boxed{130}°$

9
 ⇒ $\boxed{180}°$

10
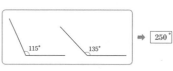 ⇒ $\boxed{250}°$

정답

1 각도의 합(3)

학습 날짜 월 일

계산은 빠르고 정확하게!

걸린 시간	1~8분	8~10분	10~12분
맞은 개수	30~34개	23~29개	1~22개
평가	참 잘했어요.	잘했어요.	좀더 노력해요.

□ 안에 알맞은 수를 써넣으시오. (1~14)

1 $20° + 30° = \boxed{50}°$

$20 + 30 = \boxed{50}$

2 $45° + 35° = \boxed{80}°$

$45 + 35 = \boxed{80}$

3 $60° + 15° = \boxed{75}°$

$60 + 15 = \boxed{75}$

4 $30° + 55° = \boxed{85}°$

$30 + 55 = \boxed{85}$

5 $45° + 50° = \boxed{95}°$

$45 + 50 = \boxed{95}$

6 $15° + 70° = \boxed{85}°$

$15 + 70 = \boxed{85}$

7 $80° + 90° = \boxed{170}°$

$80 + 90 = \boxed{170}$

8 $65° + 75° = \boxed{140}°$

$65 + 75 = \boxed{140}$

9 $100° + 70° = \boxed{170}°$

$100 + 70 = \boxed{170}$

10 $95° + 95° = \boxed{190}°$

$95 + 95 = \boxed{190}$

11 $120° + 135° = \boxed{255}°$

$120 + 135 = \boxed{255}$

12 $145° + 105° = \boxed{250}°$

$145 + 105 = \boxed{250}$

13 $110° + 130° = \boxed{240}°$

$110 + 130 = \boxed{240}$

14 $135° + 165° = \boxed{300}°$

$135 + 165 = \boxed{300}$

□ 각도의 합을 구하시오. (15~34)

15 $15° + 15° = 30°$

16 $20° + 45° = 65°$

17 $25° + 30° = 55°$

18 $40° + 45° = 85°$

19 $35° + 50° = 85°$

20 $10° + 85° = 95°$

21 $65° + 55° = 120°$

22 $80° + 90° = 170°$

23 $75° + 75° = 150°$

24 $70° + 95° = 165°$

25 $110° + 70° = 180°$

26 $125° + 75° = 200°$

27 $30° + 140° = 170°$

28 $40° + 115° = 155°$

29 $110° + 165° = 275°$

30 $105° + 115° = 220°$

31 $140° + 120° = 260°$

32 $155° + 115° = 270°$

33 $135° + 145° = 280°$

34 $175° + 180° = 355°$

---

2 각도의 차(1)

학습 날짜 월 일

계산은 빠르고 정확하게!

걸린 시간	1~3분	3~5분	5~7분
맞은 개수	15~16개	12~14개	1~11개
평가	참 잘했어요.	잘했어요.	좀더 노력해요.

각도의 차는 자연수의 뺄셈과 같은 방법으로 계산합니다.

$70°$ ➡ $70° - 20° = 50°$

$70 - 20 = 50$

□ 안에 알맞은 수를 써넣으시오. (1~6)

1

$60° - 20° = \boxed{40}°$

2

$65° - 30° = \boxed{35}°$

3

$85° - 40° = \boxed{45}°$

4

$90° - 45° = \boxed{45}°$

5

$120° - 70° = \boxed{50}°$

6

$130° - 75° = \boxed{55}°$

□ 안에 알맞은 수를 써넣으시오. (7~16)

7

$45° - 15° = \boxed{30}°$

8

$125° - 50° = \boxed{75}°$

9

$80° - 30° = \boxed{50}°$

10

$120° - 55° = \boxed{65}°$

11

$75° - 45° = \boxed{30}°$

12

$140° - 85° = \boxed{55}°$

13

$95° - 55° = \boxed{40}°$

14

$155° - 110° = \boxed{45}°$

15

$110° - 40° = \boxed{70}°$

16

$170° - 65° = \boxed{105}°$

2 각도의 차(2)

월   일

□ 안에 알맞은 수를 써넣으시오. (1~5)

1  ➡ $80°-20°=\boxed{60}°$

2  ➡ $60°-50°=\boxed{10}°$

3  ➡ $90°-45°=\boxed{45}°$

4  ➡ $115°-35°=\boxed{80}°$

5 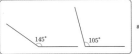 ➡ $145°-105°=\boxed{40}°$

두 각도의 차를 구하시오. (6~10)

6 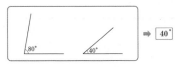 ➡ $\boxed{50}°$

7 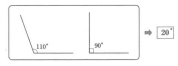 ➡ $\boxed{40}°$

8  ➡ $\boxed{20}°$

9 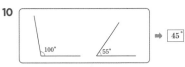 ➡ $\boxed{35}°$

10 ➡ $\boxed{45}°$

2 각도의 차(3)

월   일

계산은 빠르고 정확하게!

□ 안에 알맞은 수를 써넣으시오. (1~14)

1 $60°-30°=\boxed{30}°$
$60-30=\boxed{30}$

2 $75°-50°=\boxed{25}°$
$75-50=\boxed{25}$

3 $90°-60°=\boxed{30}°$
$90-60=\boxed{30}$

4 $85°-45°=\boxed{40}°$
$85-45=\boxed{40}$

5 $70°-15°=\boxed{55}°$
$70-15=\boxed{55}$

6 $95°-55°=\boxed{40}°$
$95-55=\boxed{40}$

7 $100°-65°=\boxed{35}°$
$100-65=\boxed{35}$

8 $105°-45°=\boxed{60}°$
$105-45=\boxed{60}$

9 $110°-70°=\boxed{40}°$
$110-70=\boxed{40}$

10 $130°-95°=\boxed{35}°$
$130-95=\boxed{35}$

11 $115°-100°=\boxed{15}°$
$115-100=\boxed{15}$

12 $140°-85°=\boxed{55}°$
$140-85=\boxed{55}$

13 $175°-85°=\boxed{90}°$
$175-85=\boxed{90}$

14 $195°-110°=\boxed{85}°$
$195-110=\boxed{85}$

각도의 차를 구하시오. (15~34)

15 $30°-15°=15°$
16 $70°-35°=35°$
17 $65°-55°=10°$
18 $95°-50°=45°$
19 $55°-15°=40°$
20 $85°-20°=65°$
21 $110°-70°=40°$
22 $125°-65°=60°$
23 $145°-90°=55°$
24 $175°-95°=80°$
25 $185°-45°=140°$
26 $185°-75°=110°$
27 $120°-95°=25°$
28 $165°-80°=85°$
29 $135°-105°=30°$
30 $170°-125°=45°$
31 $175°-120°=55°$
32 $150°-125°=25°$
33 $180°-145°=35°$
34 $195°-115°=80°$

3 삼각형의 세 각의 크기의 합(1)

 학습 날짜 월 일

삼각형 ㄱㄴㄷ을 그림과 같이 잘라서 삼각형의 꼭짓점이 한 점에 모이도록 이어 붙여 보면 모두 직선 위에 꼭 맞추어집니다.
➡ 삼각형의 세 각의 크기의 합은 180°입니다.

 삼각형의 세 각의 크기의 합을 구하려고 합니다. □ 안에 알맞은 수를 써넣으시오. (1~3)

1

(삼각형의 세 각의 크기의 합)
=85°+60°+35°
= 180°

2
40° 100° 40°
(삼각형의 세 각의 크기의 합)
=100°+ 40° + 40°
= 180°

3
45° 40° 95°
(삼각형의 세 각의 크기의 합)
= 45° + 95° + 40°
= 180°

걸린 시간	1~3분	3~5분	5~7분
맞은 개수	12~13개	10~11개	1~9개
평가	참 잘했어요.	잘했어요.	좀더 노력해요.

계산은 빠르고 정확하게!

□ 안에 알맞은 수를 써넣으시오. (4~13)

4
30°
115°
35°

5
60°
60° 60°

6
60°
90°
30°

7
110°
35° 35°

8
85°
55° 40°

9
60°
40° 80°

10
85°
80° 15°

11
150° 20°
10°

12
40° 80°
60°

13
40°
65°
75°

3 삼각형의 세 각의 크기의 합(2)

학습 날짜 월 일

 삼각형에서 ㉠과 ㉡의 각도의 합을 구하시오. (1~5)

1
30°
㉠+㉡=180°-30°= 150°

2
110°
㉠+㉡=180°- 110° = 70°

3
40°
㉠+㉡=180°- 40° = 140°

4
80°
㉠+㉡= 180° - 80° = 100°

5
70°
㉠+㉡= 180° - 70° = 110°

걸린 시간	1~3분	3~5분	5~7분
맞은 개수	14~15개	11~13개	1~10개
평가	참 잘했어요.	잘했어요.	좀더 노력해요.

계산은 빠르고 정확하게!

 삼각형에서 ㉠과 ㉡의 각도의 합을 구하시오. (6~15)

6
120°
(60°)

7
85°
(95°)

8
60°
(120°)

9
25°
(155°)

10
100°
(80°)

11
45°
(135°)

12
90°
(90°)

13
95°
(85°)

14
50°
(130°)

15
60°
(120°)

3 삼각형의 세 각의 크기의 합(3)

학습 날짜
월 일

⏰ 삼각형의 두 각의 크기가 다음과 같을 때 나머지 한 각의 크기를 구하시오. (1~10)

1   25° 30°
(125°)

2   60° 45°
(75°)

3 50° 40°
(90°)

4 35° 55°
(90°)

5 100° 15°
(65°)

6   120° 30°
(30°)

7 95° 30°
(55°)

8   45° 35°
(100°)

9 80° 90°
(10°)

10 60° 25°
(95°)

계산은 빠르고 정확하게!

걸린 시간	1~5분	5~8분	8~10분
맞은 개수	18~20개	14~17개	1~13개
평가	참 잘했어요.	잘했어요.	좀더 노력해요.

⏰ □ 안에 알맞은 수를 써넣으시오. (11~20)

11
50°
60° 110°

12
70°
60° 130°

13
60°
90° 150°

14
30°
70° 100°

15
70°
70° 140°

16
100°
55° 45°

17
45°
140° 95°

18
95° 40°
135°

19
30°
65° 35°

20
30°
25° 55°

---

 4 사각형의 네 각의 크기의 합(1)

학습 날짜
월 일

사각형 ㄱㄴㄷㄹ을 그림과 같이 잘라서 사각형의 꼭짓점이 한 점에 모이도록 이어 붙여 보면 네 각의 크기의 합은 원을 한 바퀴 돈 것과 같음을 알 수 있습니다.
➡ 사각형의 네 각의 크기의 합은 360°입니다.

⏰ 사각형의 네 각의 크기의 합을 구하려고 합니다. □ 안에 알맞은 수를 써넣으시오. (1~3)

1
100°
80°
(사각형의 네 각의 크기의 합)
=90°+90°+100°+80°
= 360 °

2
130° 120°
50° 60°
(사각형의 네 각의 크기의 합)
=130°+120°+ 50 °+ 60 °
= 360 °

3
95°
130°
65° 70°
(사각형의 네 각의 크기의 합)
= 95 °+ 130 °+ 65 °+ 70 °
= 360 °

계산은 빠르고 정확하게!

걸린 시간	1~4분	4~6분	6~8분
맞은 개수	12~13개	10~11개	1~9개
평가	참 잘했어요.	잘했어요.	좀더 노력해요.

⏰ □ 안에 알맞은 수를 써넣으시오. (4~13)

4
90° 80°
80° 110°

5
90°
135°
75° 60°

6
40°
80°
140° 100°

7
120° 60°
60° 120°

8
130° 105°
40° 85°

9
95° 125°
85° 55°

10
100° 115°
85° 60°

11
100°
115°
65° 80°

12
50°
120°
80° 110°

13
135° 105°
50° 70°

4 사각형의 네 각의 크기의 합(2)

월 일

계산은 빠르고 정확하게!

걸린 시간	1~4분	4~6분	6~8분
맞은 개수	14~15개	11~13개	1~10개
평가	참 잘했어요.	잘했어요.	좀더 노력해요.

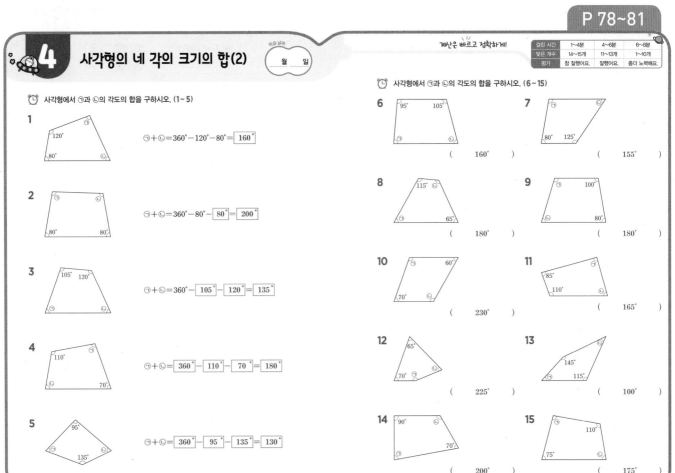

사각형에서 ㉠과 ㉡의 각도의 합을 구하시오. (1~5)

1
120° 80°
㉠+㉡=360°−120°−80°= 160°

2
80° 80°
㉠+㉡=360°−80°− 80° = 200°

3
105° 120°
㉠+㉡=360°− 105° − 120° = 135°

4
110° 70°
㉠+㉡= 360° − 110° − 70° = 180°

5
95° 135°
㉠+㉡= 360° − 95° − 135° = 130°

사각형에서 ㉠과 ㉡의 각도의 합을 구하시오. (6~15)

6 95° 105° (160°)

7 80° 125° (155°)

8 115° 65° (180°)

9 100° 80° (180°)

10 60° 70° (230°)

11 85° 110° (165°)

12 65° 70° (225°)

13 145° 115° (100°)

14 90° 70° (200°)

15 110° 75° (175°)

4 사각형의 네 각의 크기의 합(3)

월 일

계산은 빠르고 정확하게!

걸린 시간	1~6분	6~9분	9~12분
맞은 개수	18~20개	14~17개	1~13개
평가	참 잘했어요.	잘했어요.	좀더 노력해요.

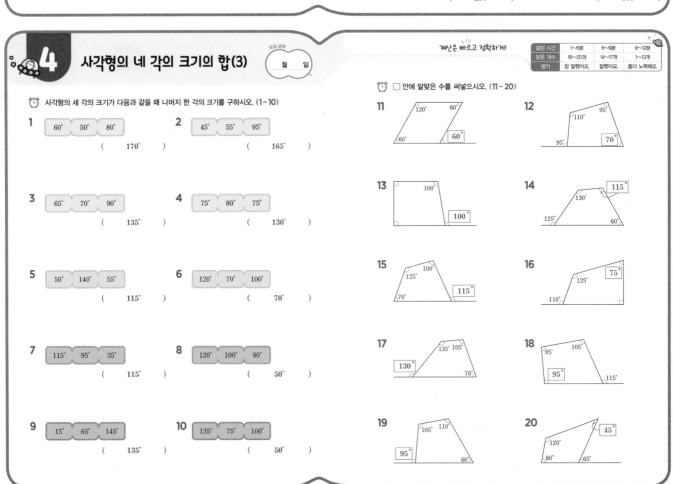

사각형의 세 각의 크기가 다음과 같을 때 나머지 한 각의 크기를 구하시오. (1~10)

1 60° 50° 80° (170°)

2 45° 55° 95° (165°)

3 65° 70° 90° (135°)

4 75° 80° 75° (130°)

5 50° 140° 55° (115°)

6 120° 70° 100° (70°)

7 115° 95° 35° (115°)

8 120° 100° 90° (50°)

9 15° 65° 145° (135°)

10 135° 75° 100° (50°)

□ 안에 알맞은 수를 써넣으시오. (11~20)

11 120° 60° 60° 60°

12 110° 95° 95° 70°

13 100° 100°

14 130° 115° 125° 60°

15 125° 100° 70° 115°

16 125° 75° 110°

17 135° 105° 130° 70°

18 95° 105° 95° 115°

19 105° 110° 95° 60°

20 120° 45° 80° 65°

5 신기한 연산

계산은 빠르고 정확하게!

두 직각 삼각자를 이어 붙이거나 겹쳐서 ⊙을 만든 것입니다. ⊙의 각도를 구하시오. **(1~6)**

1

⊙=45°+60°= $\boxed{105}$ °

2

⊙=45°−30°= $\boxed{15}$ °

3

⊙= $\boxed{90}$ °+ $\boxed{45}$ °= $\boxed{135}$ °

4
⊙= $\boxed{90}$ °− $\boxed{60}$ °= $\boxed{30}$ °

5
⊙= $\boxed{90}$ °+ $\boxed{60}$ °= $\boxed{150}$ °

6
⊙= $\boxed{90}$ °− $\boxed{30}$ °= $\boxed{60}$ °

도형의 안쪽에 있는 각을 내각이라고 합니다. 보기 를 참고하여 도형의 모든 내각의 크기의 합을 구하시오. **(7~12)**

> **보기**
> 오각형은 삼각형 3개로 나눌 수 있으므로 모든 내각의 크기의 합은 180°+180°+180°=540°입니다.

7

(360°)

8

(540°)

9

(720°)

10

(720°)

11
(900°)

12
(1080°)

 **확인 평가**

□ 안에 알맞은 수를 써넣으시오. **(1~6)**

1

25°+40°= $\boxed{65}$ °

2

80°−30°= $\boxed{50}$ °

3
55°+30°= $\boxed{85}$ °

4
115°−40°= $\boxed{75}$ °

5

90°+35°= $\boxed{125}$ °

6

140°−85°= $\boxed{55}$ °

두 각도의 합과 차를 구하시오. **(7~8)**

7
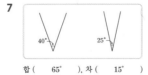
합 (65°), 차 (15°)

8
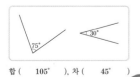
합 (105°), 차 (45°)

각도의 합과 차를 구하시오. **(9~18)**

9 40°+70°=110°

10 95°−35°=60°

11 35°+85°=120°

12 80°−25°=55°

13 40°+115°=155°

14 70°−15°=55°

15 65°+120°=185°

16 100°−55°=45°

17 125°+175°=300°

18 145°−105°=40°

□ 안에 알맞은 수를 써넣으시오. **(19~22)**

19

$\boxed{25}$ °

20

$\boxed{65}$ °

21
$\boxed{55}$ °

22

$\boxed{85}$ °

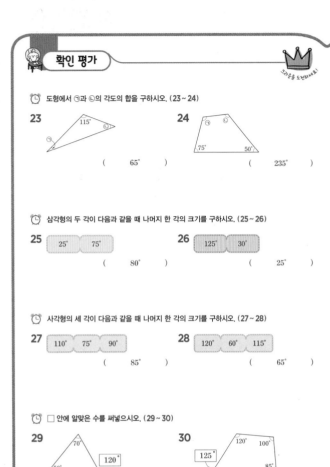

확인 평가

⏰ 도형에서 ㉠과 ㉡의 각도의 합을 구하시오. (23 ~ 24)

23

115°

(65°)

24

75° 50°

(235°)

⏰ 삼각형의 두 각이 다음과 같을 때 나머지 한 각의 크기를 구하시오. (25 ~ 26)

25 25° 75°

(80°)

26 125° 30°

(25°)

⏰ 사각형의 세 각이 다음과 같을 때 나머지 한 각의 크기를 구하시오. (27 ~ 28)

27 110° 75° 90°

(85°)

28 120° 60° 115°

(65°)

⏰ □ 안에 알맞은 수를 써넣으시오. (29 ~ 30)

29

70°

120°

50°

30

120° 100°

125°

85°

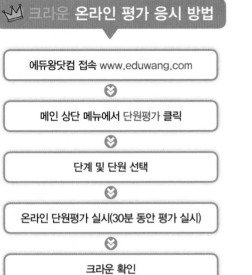

크라운 온라인 평가 응시 방법

에듀왕닷컴 접속 www.eduwang.com

⬇

메인 상단 메뉴에서 단원평가 클릭

⬇

단계 및 단원 선택

⬇

온라인 단원평가 실시(30분 동안 평가 실시)

⬇

크라운 확인

각 단원평가를 통해 100점을 받으시면 크라운 1개를 드리며, 획득하신 크라운으로 에듀왕 닷컴에서 판매하고 있는 교재 및 서비스를 무료로 구매하실 수 있습니다.

(크라운 1개 – 1000원)

1 (몇백)×(몇십), (몇백몇십)×(몇십)(1)

학습 날짜
월 일

➡ (몇백)×(몇십)의 계산

$$300 \times 20 = 6000$$
0이 3개
$3 \times 2 = 6$

$$\begin{array}{r} 300 \\ \times\ 20 \\ \hline 6000 \end{array}$$ 0이 3개

➡ (몇백몇십)×(몇십)의 계산

$$230 \times 30 = 6900$$
0이 2개
$23 \times 3 = 69$

$$\begin{array}{r} 230 \\ \times\ 30 \\ \hline 6900 \end{array}$$ 0이 2개

⏰ □ 안에 알맞은 수를 써넣으시오. (1~8)

1 $200 \times 40 = 8\boxed{000}$
0이 $\boxed{3}$개

2 $400 \times 30 = 12\boxed{000}$
0이 $\boxed{3}$개

3 $240 \times 30 = 72\boxed{00}$
0이 $\boxed{2}$개

4 $150 \times 40 = 60\boxed{00}$
0이 $\boxed{2}$개

5 $300 \times 50 = \boxed{15}\,000$
$3 \times 5 = \boxed{15}$

6 $600 \times 40 = \boxed{24}\,000$
$6 \times 4 = \boxed{24}$

7 $350 \times 30 = \boxed{105}\,00$
$35 \times 3 = \boxed{105}$

8 $460 \times 60 = \boxed{276}\,00$
$46 \times 6 = \boxed{276}$

⏰ 계산을 하시오. (9~28)

계산은 빠르고 정확하게!

걸린 시간	1~8분	8~12분	12~16분
맞은 개수	26~28개	20~25개	1~19개
평가	참 잘했어요	잘했어요	좀더 노력해요

9 $400 \times 40 = 16000$

10 $300 \times 60 = 18000$

11 $600 \times 70 = 42000$

12 $800 \times 50 = 40000$

13 $700 \times 30 = 21000$

14 $700 \times 80 = 56000$

15 $400 \times 90 = 36000$

16 $900 \times 20 = 18000$

17 $200 \times 80 = 16000$

18 $500 \times 60 = 30000$

19 $400 \times 70 = 28000$

20 $900 \times 60 = 54000$

21 $140 \times 30 = 4200$

22 $270 \times 40 = 10800$

23 $620 \times 40 = 24800$

24 $760 \times 20 = 15200$

25 $820 \times 60 = 49200$

26 $390 \times 50 = 19500$

27 $270 \times 80 = 21600$

28 $670 \times 70 = 46900$

1 (몇백)×(몇십), (몇백몇십)×(몇십)(2)

학습 날짜
월 일

⏰ □ 안에 알맞은 수를 써넣으시오. (1~12)

1 $\begin{array}{r} 200 \\ \times\ 60 \\ \hline 12\boxed{000} \end{array}$ 0이 $\boxed{3}$개

2 $\begin{array}{r} 320 \\ \times\ 40 \\ \hline 128\boxed{00} \end{array}$ 0이 $\boxed{2}$개

3 $\begin{array}{r} 500 \\ \times\ 70 \\ \hline 35\boxed{000} \end{array}$ 0이 $\boxed{3}$개

4 $\begin{array}{r} 430 \\ \times\ 50 \\ \hline 215\boxed{00} \end{array}$ 0이 $\boxed{2}$개

5 $\begin{array}{r} 600 \\ \times\ 40 \\ \hline \boxed{24}000 \end{array}$

6 $\begin{array}{r} 250 \\ \times\ 30 \\ \hline \boxed{7}500 \end{array}$

7 $\begin{array}{r} 700 \\ \times\ 70 \\ \hline \boxed{49}000 \end{array}$

8 $\begin{array}{r} 480 \\ \times\ 60 \\ \hline \boxed{288}00 \end{array}$

9 $\begin{array}{r} 500 \\ \times\ 90 \\ \hline \boxed{45}000 \end{array}$

10 $\begin{array}{r} 370 \\ \times\ 50 \\ \hline \boxed{185}00 \end{array}$

11 $\begin{array}{r} 800 \\ \times\ 40 \\ \hline \boxed{32}000 \end{array}$

12 $\begin{array}{r} 620 \\ \times\ 60 \\ \hline \boxed{372}00 \end{array}$

⏰ 계산을 하시오. (13~30)

계산은 빠르고 정확하게!

걸린 시간	1~8분	8~12분	12~16분
맞은 개수	27~30개	21~26개	1~20개
평가	참 잘했어요	잘했어요	좀더 노력해요

13 $\begin{array}{r} 900 \\ \times\ 40 \\ \hline 36000 \end{array}$

14 $\begin{array}{r} 700 \\ \times\ 30 \\ \hline 21000 \end{array}$

15 $\begin{array}{r} 500 \\ \times\ 30 \\ \hline 15000 \end{array}$

16 $\begin{array}{r} 900 \\ \times\ 60 \\ \hline 54000 \end{array}$

17 $\begin{array}{r} 300 \\ \times\ 90 \\ \hline 27000 \end{array}$

18 $\begin{array}{r} 200 \\ \times\ 70 \\ \hline 14000 \end{array}$

19 $\begin{array}{r} 500 \\ \times\ 40 \\ \hline 20000 \end{array}$

20 $\begin{array}{r} 600 \\ \times\ 60 \\ \hline 36000 \end{array}$

21 $\begin{array}{r} 700 \\ \times\ 20 \\ \hline 14000 \end{array}$

22 $\begin{array}{r} 370 \\ \times\ 40 \\ \hline 14800 \end{array}$

23 $\begin{array}{r} 270 \\ \times\ 50 \\ \hline 13500 \end{array}$

24 $\begin{array}{r} 420 \\ \times\ 30 \\ \hline 12600 \end{array}$

25 $\begin{array}{r} 670 \\ \times\ 40 \\ \hline 26800 \end{array}$

26 $\begin{array}{r} 540 \\ \times\ 50 \\ \hline 27000 \end{array}$

27 $\begin{array}{r} 620 \\ \times\ 70 \\ \hline 43400 \end{array}$

28 $\begin{array}{r} 970 \\ \times\ 50 \\ \hline 48500 \end{array}$

29 $\begin{array}{r} 490 \\ \times\ 80 \\ \hline 39200 \end{array}$

30 $\begin{array}{r} 730 \\ \times\ 40 \\ \hline 29200 \end{array}$

정답

1 (몇백)×(몇십), (몇백몇십)×(몇십) (3)

학습 날짜
월 일

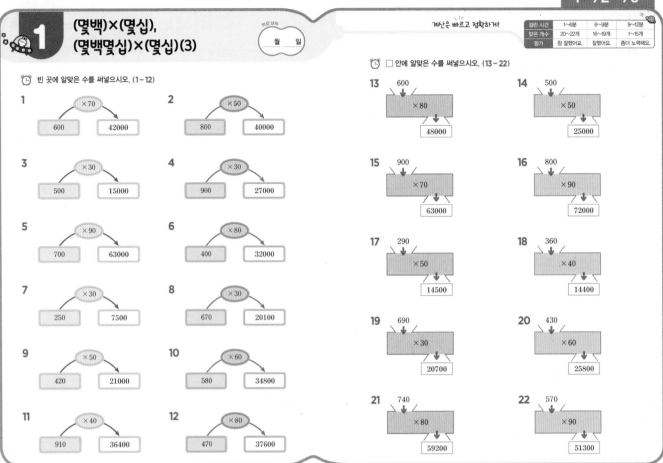

빈 곳에 알맞은 수를 써넣으시오. (1~12)

1 600 ×70 → 42000

2 800 ×50 → 40000

3 500 ×30 → 15000

4 900 ×30 → 27000

5 700 ×90 → 63000

6 400 ×80 → 32000

7 250 ×30 → 7500

8 670 ×30 → 20100

9 420 ×50 → 21000

10 580 ×60 → 34800

11 910 ×40 → 36400

12 470 ×80 → 37600

계산은 빠르고 정확하게!

걸린 시간	1~6분	6~9분	9~12분
맞은 개수	20~22개	16~19개	1~15개
평가	참 잘했어요	잘했어요	좀더 노력해요

□ 안에 알맞은 수를 써넣으시오. (13~22)

13 600 ×80 → 48000

14 500 ×50 → 25000

15 900 ×70 → 63000

16 800 ×90 → 72000

17 290 ×50 → 14500

18 360 ×40 → 14400

19 690 ×30 → 20700

20 430 ×60 → 25800

21 740 ×80 → 59200

22 570 ×90 → 51300

2 (세 자리 수)×(몇십) (1)

학습 날짜
월 일

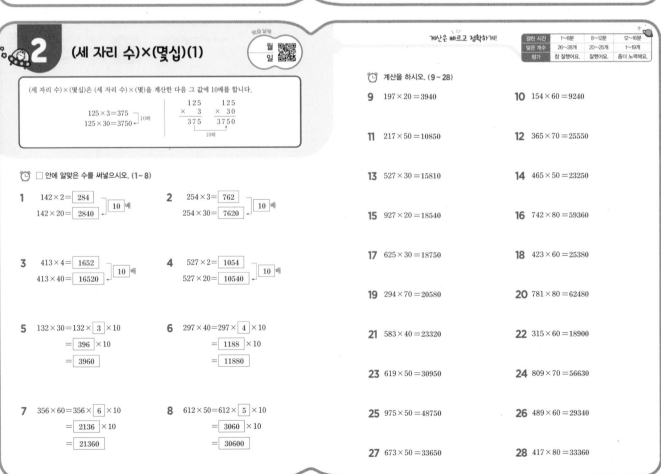

(세 자리 수)×(몇십)은 (세 자리 수)×(몇)을 계산한 다음 그 값에 10배를 합니다.

$125 \times 3 = 375$
$125 \times 30 = 3750$ ⎱ 10배

```
  125        125
×   3      ×  30
 375       3750
        10배
```

□ 안에 알맞은 수를 써넣으시오. (1~8)

1 $142 \times 2 = 284$
$142 \times 20 = 2840$ ⎱ 10배

2 $254 \times 3 = 762$
$254 \times 30 = 7620$ ⎱ 10배

3 $413 \times 4 = 1652$
$413 \times 40 = 16520$ ⎱ 10배

4 $527 \times 2 = 1054$
$527 \times 20 = 10540$ ⎱ 10배

5 $132 \times 30 = 132 \times 3 \times 10$
$= 396 \times 10$
$= 3960$

6 $297 \times 40 = 297 \times 4 \times 10$
$= 1188 \times 10$
$= 11880$

7 $356 \times 60 = 356 \times 6 \times 10$
$= 2136 \times 10$
$= 21360$

8 $612 \times 50 = 612 \times 5 \times 10$
$= 3060 \times 10$
$= 30600$

계산은 빠르고 정확하게!

걸린 시간	1~8분	8~12분	12~16분
맞은 개수	26~28개	20~25개	1~19개
평가	참 잘했어요	잘했어요	좀더 노력해요

계산을 하시오. (9~28)

9 $197 \times 20 = 3940$

10 $154 \times 60 = 9240$

11 $217 \times 50 = 10850$

12 $365 \times 70 = 25550$

13 $527 \times 30 = 15810$

14 $465 \times 50 = 23250$

15 $927 \times 20 = 18540$

16 $742 \times 80 = 59360$

17 $625 \times 30 = 18750$

18 $423 \times 60 = 25380$

19 $294 \times 70 = 20580$

20 $781 \times 80 = 62480$

21 $583 \times 40 = 23320$

22 $315 \times 60 = 18900$

23 $619 \times 50 = 30950$

24 $809 \times 70 = 56630$

25 $975 \times 50 = 48750$

26 $489 \times 60 = 29340$

27 $673 \times 50 = 33650$

28 $417 \times 80 = 33360$

2 (세 자리 수)×(몇십)(2)

월 일

계산은 빠르고 정확하게!

걸린 시간	1~8분	8~12분	12~16분
맞은 개수	26~28개	20~25개	1~19개
평가	참 잘했어요	잘했어요	좀더 노력해요

□ 안에 알맞은 수를 써넣으시오. (1~10)

□ 안에 알맞은 수를 써넣으시오. (11~28)

11
```
   1 2 5
 ×   6 0
 7 5 0 0
```

12
```
   2 7 1
 ×   5 0
 1 3 5 5 0
```

13
```
   4 2 3
 ×   5 0
 2 1 1 5 0
```

14
```
   5 1 7
 ×   3 0
 1 5 5 1 0
```

15
```
   6 2 5
 ×   4 0
 2 5 0 0 0
```

16
```
   4 9 7
 ×   4 0
 1 9 8 8 0
```

17
```
   8 2 4
 ×   2 0
 1 6 4 8 0
```

18
```
   7 1 4
 ×   6 0
 4 2 8 4 0
```

19
```
   2 1 4
 ×   8 0
 1 7 1 2 0
```

20
```
   4 1 3
 ×   3 0
 1 2 3 9 0
```

21
```
   6 2 7
 ×   4 0
 2 5 0 8 0
```

22
```
   8 1 3
 ×   7 0
 5 6 9 1 0
```

23
```
   2 4 6
 ×   8 0
 1 9 6 8 0
```

24
```
   3 1 4
 ×   6 0
 1 8 8 4 0
```

25
```
   5 1 7
 ×   5 0
 2 5 8 5 0
```

26
```
   1 9 6
 ×   9 0
 1 7 6 4 0
```

27
```
   5 7 2
 ×   3 0
 1 7 1 6 0
```

28
```
   8 5 5
 ×   4 0
 3 4 2 0 0
```

2 (세 자리 수)×(몇십)(3)

월 일

계산은 빠르고 정확하게!

걸린 시간	1~8분	8~12분	12~16분
맞은 개수	20~22개	16~19개	1~15개
평가	참 잘했어요	잘했어요	좀더 노력해요

빈 곳에 알맞은 수를 써넣으시오. (1~12)

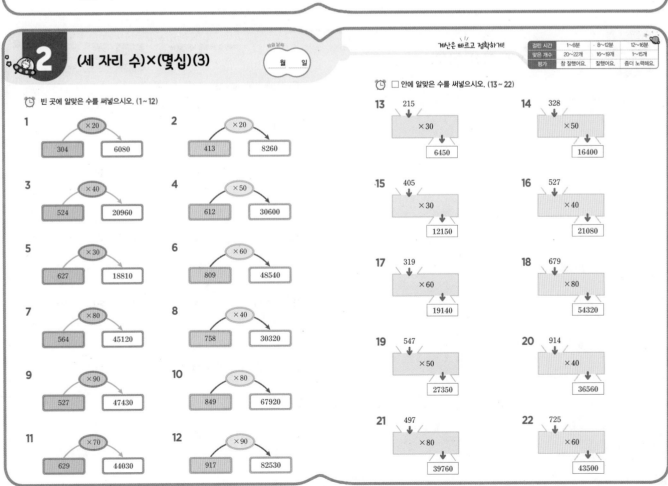

□ 안에 알맞은 수를 써넣으시오. (13~22)

정답

3 (세 자리 수)×(두 자리 수)(1)

월 일

246×25의 계산

$$246×25=246×5+246×20$$
$$=1230+4920$$
$$=6150$$

```
    2 4 6
  ×   2 5
  1 2 3 0  ← 246×5
  4 9 2 0  ← 246×20
  6 1 5 0
```

➡ 246의 25배는 246의 5배와 246의 20배를 더한 값과 같습니다.

계산은 빠르고 정확하게!

걸린 시간	1~12분	12~18분	18~24분
맞은 개수	26~28개	20~25개	1~19개
평가	참 잘했어요.	잘했어요.	좀더 노력해요.

□ 안에 알맞은 수를 써넣으시오. (1~8)

1 $124×23=124× \boxed{3} +124×20$
$= \boxed{372} + \boxed{2480}$
$= \boxed{2852}$

2 $324×17=324×7+324× \boxed{10}$
$= \boxed{2268} + \boxed{3240}$
$= \boxed{5508}$

3 $156×25=156× \boxed{5} +156×20$
$= \boxed{780} + \boxed{3120}$
$= \boxed{3900}$

4 $493×32=493×2+493× \boxed{30}$
$= \boxed{986} + \boxed{14790}$
$= \boxed{15776}$

5 $328×34=328× \boxed{4} +328×30$
$= \boxed{1312} + \boxed{9840}$
$= \boxed{11152}$

6 $218×43=218×3+218× \boxed{40}$
$= \boxed{654} + \boxed{8720}$
$= \boxed{9374}$

7 $721×29=721× \boxed{9} +721×20$
$= \boxed{6489} + \boxed{14420}$
$= \boxed{20909}$

8 $586×27=586×7+586× \boxed{20}$
$= \boxed{4102} + \boxed{11720}$
$= \boxed{15822}$

계산을 하시오. (9~28)

9 $147×34=4998$

10 $423×37=15651$

11 $195×89=17355$

12 $367×25=9175$

13 $542×51=27642$

14 $647×27=17469$

15 $473×65=30745$

16 $279×82=22878$

17 $721×28=20188$

18 $616×54=33264$

19 $779×39=30381$

20 $892×54=48168$

21 $486×27=13122$

22 $329×34=11186$

23 $561×45=25245$

24 $264×47=12408$

25 $712×49=34888$

26 $486×82=39852$

27 $618×66=40788$

28 $924×31=28644$

3 (세 자리 수)×(두 자리 수)(2)

월 일

계산은 빠르고 정확하게!

걸린 시간	1~15분	15~20분	20~25분
맞은 개수	24~26개	19~23개	1~18개
평가	참 잘했어요.	잘했어요.	좀더 노력해요.

계산을 하시오. (1~8)

1
```
    2 4 6
  ×   3 5
  1 2 3 0
  7 3 8 0
  8 6 1 0
```

2
```
    3 7 2
  ×   2 8
  2 9 7 6
  7 4 4 0
1 0 4 1 6
```

3
```
    4 5 9
  ×   4 7
  3 2 1 3
1 8 3 6 0
2 1 5 7 3
```

4
```
    5 4 9
  ×   3 6
  3 2 9 4
1 6 4 7 0
1 9 7 6 4
```

5
```
    6 1 4
  ×   7 2
  1 2 2 8
4 2 9 8 0
4 4 2 0 8
```

6
```
    5 4 7
  ×   4 1
    5 4 7
2 1 8 8 0
2 2 4 2 7
```

7
```
    3 3 7
  ×   8 3
  1 0 1 1
2 6 9 6 0
2 7 9 7 1
```

8
```
    4 9 7
  ×   8 8
  3 9 7 6
3 9 7 6 0
4 3 7 3 6
```

계산을 하시오. (9~26)

9
```
    2 1 5
  ×   1 7
  3 6 5 5
```

10
```
    3 6 9
  ×   1 8
  6 6 4 2
```

11
```
    4 2 7
  ×   2 3
  9 8 2 1
```

12
```
    5 2 3
  ×   2 1
1 0 9 8 3
```

13
```
    4 0 8
  ×   2 6
1 0 6 0 8
```

14
```
    5 1 7
  ×   4 2
2 1 7 1 4
```

15
```
    7 1 2
  ×   5 4
3 8 4 4 8
```

16
```
    6 2 9
  ×   9 1
5 7 2 3 9
```

17
```
    4 1 3
  ×   3 7
1 5 2 8 1
```

18
```
    6 1 2
  ×   3 1
1 8 9 7 2
```

19
```
    5 7 2
  ×   2 2
1 2 5 8 4
```

20
```
    6 1 4
  ×   4 2
2 5 7 8 8
```

21
```
    5 2 9
  ×   3 2
1 6 9 2 8
```

22
```
    7 0 4
  ×   7 7
5 4 2 0 8
```

23
```
    8 1 4
  ×   5 1
4 1 5 1 4
```

24
```
    6 6 2
  ×   3 8
2 5 1 5 6
```

25
```
    3 2 9
  ×   6 1
2 0 0 6 9
```

26
```
    4 7 9
  ×   5 5
2 6 3 4 5
```

3 (세 자리 수)×(두 자리 수)(3)

🕐 빈 곳에 알맞은 수를 써넣으시오. (1~12)

1

2

3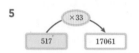

4

5

6

7

8

9

10

11
625 ×58 → 36250

12
847 ×61 → 51667

계산은 빠르고 정확하게!

걸린 시간	1~10분	10~15분	15~20분
맞은 개수	20~22개	16~19개	1~15개
평가	참 잘했어요.	잘했어요.	좀더 노력해요.

🕐 □ 안에 알맞은 수를 써넣으시오. (13~22)

13 215 ×23 → 4945

14 417 ×18 → 7506

15 429 ×36 → 15444

16 529 ×46 → 24334

17 607 ×24 → 14568

18 823 ×57 → 46911

19 764 ×44 → 33616

20 960 ×73 → 70080

21 819 ×39 → 31941

22 785 ×64 → 50240

4 (두 자리 수)÷(몇십)(1)

📖 (두 자리 수)÷(몇십)

| 20×2=40 |
| 20×3=60 |
| 20×4=80 |

```
     3 ← 몫
20)6 2
   6 0
     2 ← 나머지
```

62÷20=3 … 2

검산   20×3+2=62

🕐 계산을 하시오. (1~12)

1
```
      3
30)9 4
   9 0
      4
```

2
```
      2
40)8 7
   8 0
      7
```

3
```
      3
20)6 9
   6 0
      9
```

4
```
      1
50)7 4
   5 0
   2 4
```

5
```
      4
20)9 3
   8 0
   1 3
```

6
```
      2
30)7 2
   6 0
   1 2
```

7
```
      1
60)7 2
   6 0
   1 2
```

8
```
      2
30)8 7
   6 0
   2 7
```

9
```
      1
50)6 5
   5 0
   1 5
```

10
```
      3
20)6 5
   6 0
      5
```

11
```
      2
40)9 1
   8 0
   1 1
```

12
```
      4
20)9 4
   8 0
   1 4
```

계산은 빠르고 정확하게!

걸린 시간	1~5분	5~8분	8~10분
맞은 개수	17~18개	13~16개	1~12개
평가	참 잘했어요.	잘했어요.	좀더 노력해요.

🕐 □ 안에 알맞은 수를 써넣으시오. (13~18)

13
```
       2 ← 몫
20)4 7
   4 0
       7 ← 나머지
```
➡ 47÷20= 2 … 7
       몫   나머지

14
```
       2 ← 몫
30)7 8
   6 0
   1 8 ← 나머지
```
➡ 78÷30= 2 … 18
       몫   나머지

15
```
       2 ← 몫
40)8 9
   8 0
       9 ← 나머지
```
➡ 89÷40= 2 … 9
       몫   나머지

16
```
       3 ← 몫
30)9 8
   9 0
       8 ← 나머지
```
➡ 98÷30= 3 … 8
       몫   나머지

17
```
       4 ← 몫
20)9 1
   8 0
   1 1 ← 나머지
```
➡ 91÷20= 4 … 11
       몫   나머지

18
```
       2 ← 몫
40)9 4
   8 0
   1 4 ← 나머지
```
➡ 94÷40= 2 … 14
       몫   나머지

정답

4 (두 자리 수)÷(몇십)(2)

월 일

🕐 계산을 하고 검산해 보시오. (1~8)

1
$$20\overline{)43} \\ \quad\ 40 \\ \qquad 3$$
몫 2
검산 $20\times2+3=43$

2
$$30\overline{)67} \\ \quad\ 60 \\ \qquad 7$$
몫 2
검산 $30\times2+7=67$

3
$$50\overline{)75} \\ \quad\ 50 \\ \qquad 25$$
몫 1
검산 $50\times1+25=75$

4
$$20\overline{)89} \\ \quad\ 80 \\ \qquad 9$$
몫 4
검산 $20\times4+9=89$

5
$$40\overline{)96} \\ \quad\ 80 \\ \qquad 16$$
몫 2
검산 $40\times2+16=96$

6
$$80\overline{)99} \\ \quad\ 80 \\ \qquad 19$$
몫 1
검산 $80\times1+19=99$

7
$$20\overline{)78} \\ \quad\ 60 \\ \qquad 18$$
몫 3
검산 $20\times3+18=78$

8
$$30\overline{)82} \\ \quad\ 60 \\ \qquad 22$$
몫 2
검산 $30\times2+22=82$

계산은 빠르고 정확하게!

걸린 시간	1~6분	6~9분	9~12분
맞은 개수	18~20개	14~17개	1~13개
평가	참 잘했어요.	잘했어요.	좀더 노력해요.

🕐 계산을 하고 검산해 보시오. (9~20)

9 $54\div20=\boxed{2}\cdots\boxed{14}$
검산 $20\times\boxed{2}+\boxed{14}=54$

10 $71\div30=\boxed{2}\cdots\boxed{11}$
검산 $30\times\boxed{2}+\boxed{11}=71$

11 $91\div40=\boxed{2}\cdots\boxed{11}$
검산 $40\times\boxed{2}+\boxed{11}=91$

12 $94\div50=\boxed{1}\cdots\boxed{44}$
검산 $50\times\boxed{1}+\boxed{44}=94$

13 $66\div30=\boxed{2}\cdots\boxed{6}$
검산 $30\times2+6=66$

14 $69\div20=\boxed{3}\cdots\boxed{9}$
검산 $20\times3+9=69$

15 $91\div60=\boxed{1}\cdots\boxed{31}$
검산 $60\times1+31=91$

16 $57\div40=\boxed{1}\cdots\boxed{17}$
검산 $40\times1+17=57$

17 $97\div20=\boxed{4}\cdots\boxed{17}$
검산 $20\times4+17=97$

18 $94\div70=\boxed{1}\cdots\boxed{24}$
검산 $70\times1+24=94$

19 $88\div40=\boxed{2}\cdots\boxed{8}$
검산 $40\times2+8=88$

20 $99\div30=\boxed{3}\cdots\boxed{9}$
검산 $30\times3+9=99$

5 (세 자리 수)÷(몇십)(1)

월 일

📌 나머지가 없는 (세 자리 수)÷(몇십)의 계산

$$240\div60=4$$
$$24\div6=4$$

$$60\overline{)240} \\ \quad\ 240 \\ \qquad 0$$ 4←몫

➡ $240\div60$의 몫은 $24\div6$의 몫과 같습니다.

🕐 빈칸에 알맞은 수를 써넣고, 나눗셈의 몫을 구하시오. (1~4)

1
×20	1	2	3	4	5
	20	40	60	80	100
➡ $100\div20=\boxed{5}$

2
×40	1	2	3	4	5
	40	80	120	160	200
➡ $160\div40=\boxed{4}$

3
×30	3	4	5	6	7
	90	120	150	180	210
➡ $210\div30=\boxed{7}$

4
×50	5	6	7	8	9
	250	300	350	400	450
➡ $450\div50=\boxed{9}$

계산은 빠르고 정확하게!

걸린 시간	1~6분	6~9분	9~12분
맞은 개수	20~22개	16~19개	9~12분
평가	참 잘했어요.	잘했어요.	좀더 노력해요.

🕐 □ 안에 알맞은 수를 써넣으시오. (5~22)

5 $120\div30=\boxed{4}$
$12\div3=\boxed{4}$

6 $150\div30=\boxed{5}$
$15\div3=\boxed{5}$

7 $140\div20=\boxed{7}$
$14\div2=\boxed{7}$

8 $280\div40=\boxed{7}$
$28\div4=\boxed{7}$

9 $480\div60=\boxed{8}$
$48\div6=\boxed{8}$

10 $180\div30=\boxed{6}$
$18\div3=\boxed{6}$

11 $300\div60=\boxed{5}$
$30\div6=\boxed{5}$

12 $490\div70=\boxed{7}$
$49\div7=\boxed{7}$

13 $350\div50=\boxed{7}$
$35\div5=\boxed{7}$

14 $630\div90=\boxed{7}$
$63\div9=\boxed{7}$

15 $810\div90=\boxed{9}$
$81\div9=\boxed{9}$

16 $360\div90=\boxed{4}$
$36\div9=\boxed{4}$

17 $320\div80=\boxed{4}$
$32\div8=\boxed{4}$

18 $360\div60=\boxed{6}$
$36\div6=\boxed{6}$

19 $720\div80=\boxed{9}$
$72\div8=\boxed{9}$

20 $560\div70=\boxed{8}$
$56\div7=\boxed{8}$

21 $640\div80=\boxed{8}$
$64\div8=\boxed{8}$

22 $450\div90=\boxed{5}$
$45\div9=\boxed{5}$

5 (세 자리 수)÷(몇십)(2)

학습 날짜 월   일

계산은 빠르고 정확하게!

걸린 시간	1~6분	6~9분	9~12분
맞은 개수	18~20개	14~17개	1~13개
평가	참 잘했어요.	잘했어요.	좀더 노력해요.

🕐 □안에 알맞은 수를 써넣으시오. (1~10)

🕐 계산을 하시오. (11~20)

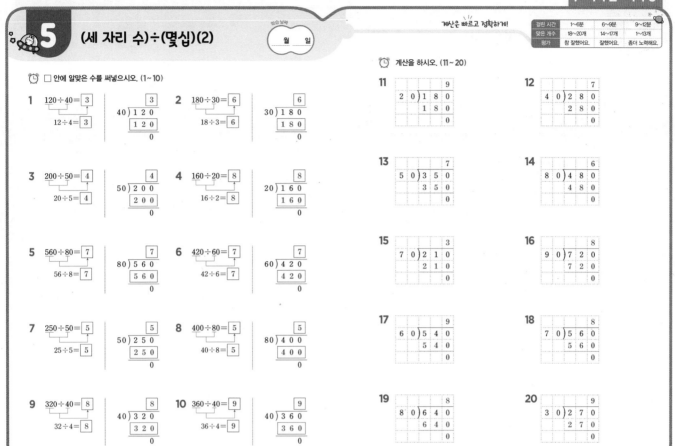

1 120÷40= 3
40) 120
12÷4= 3   120
           0

2 180÷30= 6
30) 180
18÷3= 6   180
           0

3 200÷50= 4
50) 200
20÷5= 4   200
           0

4 160÷20= 8
20) 160
16÷2= 8   160
           0

5 560÷80= 7
80) 560
56÷8= 7   560
           0

6 420÷60= 7
60) 420
42÷6= 7   420
           0

7 250÷50= 5
50) 250
25÷5= 5   250
           0

8 400÷80= 5
80) 400
40÷8= 5   400
           0

9 320÷40= 8
40) 320
32÷4= 8   320
           0

10 360÷40= 9
40) 360
36÷4= 9   360
           0

11   9
20) 180
      180
        0

12   7
40) 280
      280
        0

13   7
50) 350
      350
        0

14   6
80) 480
      480
        0

15   3
70) 210
      210
        0

16   8
90) 720
      720
        0

17   9
60) 540
      540
        0

18   8
70) 560
      560
        0

19   8
80) 640
      640
        0

20   9
30) 270
      270
        0

5 (세 자리 수)÷(몇십)(3)

학습 날짜 월   일

계산은 빠르고 정확하게!

걸린 시간	1~10분	10~15분	15~20분
맞은 개수	35~38개	27~34개	1~26개
평가	참 잘했어요.	잘했어요.	좀더 노력해요.

🕐 계산을 하시오. (1~20)

1 100÷50=2

2 270÷30=9

3 450÷50=9

4 640÷80=8

5 180÷20=9

6 210÷30=7

7 420÷60=7

8 270÷30=9

9 280÷70=4

10 480÷80=6

11 560÷80=7

12 540÷90=6

13 160÷40=4

14 480÷60=8

15 360÷90=4

16 400÷50=8

17 720÷90=8

18 240÷80=3

19 630÷70=9

20 810÷90=9

🕐 계산을 하시오. (21~38)

21   6
20) 120
      120
        0

22   5
30) 150
      150
        0

23   5
40) 200
      200
        0

24   6
30) 180
      180
        0

25   7
40) 280
      280
        0

26   6
60) 360
      360
        0

27   8
40) 320
      320
        0

28   3
70) 210
      210
        0

29   3
80) 240
      240
        0

30   2
90) 180
      180
        0

31   5
70) 350
      350
        0

32   7
60) 420
      420
        0

33   5
90) 450
      450
        0

34   9
80) 720
      720
        0

35   9
60) 540
      540
        0

36   7
70) 490
      490
        0

37   5
50) 250
      250
        0

38   5
60) 300
      300
        0

 5 (세 자리 수)÷(몇십)(4)

 월 일

⇒ 나머지가 있는 (세 자리 수)÷(몇십)의 계산

$60×5=300$
$60×6=360$
$60×7=420$

$$\begin{array}{r} 6 \leftarrow \text{몫} \\ 60\,\overline{)\,365} \\ \underline{360} \\ 5 \leftarrow \text{나머지} \end{array}$$

$365÷60=6 \cdots 5$

검산 $60×6+5=365$

⏰ □ 안에 알맞은 수를 써넣으시오. (1~6)

1
$30×6=180$
$30×7=210$
$30×8=240$

$$\begin{array}{r} 7 \\ 30\,\overline{)\,219} \\ \underline{210} \\ 9 \end{array}$$

2
$40×7=280$
$40×8=320$
$40×9=360$

$$\begin{array}{r} 9 \\ 40\,\overline{)\,364} \\ \underline{360} \\ 4 \end{array}$$

3
$50×3=150$
$50×4=200$
$50×5=250$

$$\begin{array}{r} 4 \\ 50\,\overline{)\,217} \\ \underline{200} \\ 17 \end{array}$$

4
$70×6=420$
$70×7=490$
$70×8=560$

$$\begin{array}{r} 7 \\ 70\,\overline{)\,495} \\ \underline{490} \\ 5 \end{array}$$

5
$80×3=240$
$80×4=320$
$80×5=400$

$$\begin{array}{r} 4 \\ 80\,\overline{)\,326} \\ \underline{320} \\ 6 \end{array}$$

6
$90×6=540$
$90×7=630$
$90×8=720$

$$\begin{array}{r} 7 \\ 90\,\overline{)\,648} \\ \underline{630} \\ 18 \end{array}$$

 계산은 빠르고 정확하게!

걸린 시간	1~6분	6~9분	9~12분
맞은 개수	13~14개	11~12개	1~10개
평가	참 잘했어요.	잘했어요.	좀더 노력해요.

⏰ □ 안에 알맞은 수를 써넣으시오. (7~14)

7
$20×7=140$
$20×8=160$
$20×9=180$

$$\begin{array}{r} 8 \\ 20\,\overline{)\,163} \\ \underline{160} \\ 3 \end{array}$$

8
$60×3=180$
$60×4=240$
$60×5=300$

$$\begin{array}{r} 4 \\ 60\,\overline{)\,249} \\ \underline{240} \\ 9 \end{array}$$

9
$40×5=200$
$40×6=240$
$40×7=280$

$$\begin{array}{r} 6 \\ 40\,\overline{)\,241} \\ \underline{240} \\ 1 \end{array}$$

10
$70×2=140$
$70×3=210$
$70×4=280$

$$\begin{array}{r} 3 \\ 70\,\overline{)\,213} \\ \underline{210} \\ 3 \end{array}$$

11
$90×6=540$
$90×7=630$
$90×8=720$

$$\begin{array}{r} 7 \\ 90\,\overline{)\,638} \\ \underline{630} \\ 8 \end{array}$$

12
$80×3=240$
$80×4=320$
$80×5=400$

$$\begin{array}{r} 4 \\ 80\,\overline{)\,329} \\ \underline{320} \\ 9 \end{array}$$

13
$30×7=210$
$30×8=240$
$30×9=270$

$$\begin{array}{r} 8 \\ 30\,\overline{)\,257} \\ \underline{240} \\ 17 \end{array}$$

14
$50×6=300$
$50×7=350$
$50×8=400$

$$\begin{array}{r} 7 \\ 50\,\overline{)\,375} \\ \underline{350} \\ 25 \end{array}$$

5 (세 자리 수)÷(몇십)(5)

월 일

⏰ 계산을 하시오. (1~10)

1
$$\begin{array}{r} 8 \\ 20\,\overline{)\,168} \\ \underline{160} \\ 8 \end{array}$$

2
$$\begin{array}{r} 8 \\ 50\,\overline{)\,407} \\ \underline{400} \\ 7 \end{array}$$

3
$$\begin{array}{r} 7 \\ 40\,\overline{)\,291} \\ \underline{280} \\ 11 \end{array}$$

4
$$\begin{array}{r} 2 \\ 70\,\overline{)\,145} \\ \underline{140} \\ 5 \end{array}$$

5
$$\begin{array}{r} 4 \\ 90\,\overline{)\,369} \\ \underline{360} \\ 9 \end{array}$$

6
$$\begin{array}{r} 7 \\ 80\,\overline{)\,572} \\ \underline{560} \\ 12 \end{array}$$

7
$$\begin{array}{r} 9 \\ 40\,\overline{)\,371} \\ \underline{360} \\ 11 \end{array}$$

8
$$\begin{array}{r} 8 \\ 30\,\overline{)\,257} \\ \underline{240} \\ 17 \end{array}$$

9
$$\begin{array}{r} 6 \\ 80\,\overline{)\,492} \\ \underline{480} \\ 12 \end{array}$$

10
$$\begin{array}{r} 8 \\ 90\,\overline{)\,743} \\ \underline{720} \\ 23 \end{array}$$

 계산은 빠르고 정확하게!

걸린 시간	1~5분	5~8분	8~10분
맞은 개수	15~16개	12~14개	1~11개
평가	참 잘했어요.	잘했어요.	좀더 노력해요.

⏰ □ 안에 알맞은 수를 써넣으시오. (11~16)

11
$$\begin{array}{r} 4 \leftarrow \text{몫} \\ 60\,\overline{)\,241} \\ \underline{240} \\ 1 \leftarrow \text{나머지} \end{array}$$

➡ $241÷60=4 \cdots 1$
몫 나머지

12
$$\begin{array}{r} 4 \leftarrow \text{몫} \\ 80\,\overline{)\,324} \\ \underline{320} \\ 4 \leftarrow \text{나머지} \end{array}$$

➡ $324÷80=4 \cdots 4$
몫 나머지

13
$$\begin{array}{r} 4 \leftarrow \text{몫} \\ 40\,\overline{)\,167} \\ \underline{160} \\ 7 \leftarrow \text{나머지} \end{array}$$

➡ $167÷40=4 \cdots 7$
몫 나머지

14
$$\begin{array}{r} 6 \leftarrow \text{몫} \\ 30\,\overline{)\,191} \\ \underline{180} \\ 11 \leftarrow \text{나머지} \end{array}$$

➡ $191÷30=6 \cdots 11$
몫 나머지

15
$$\begin{array}{r} 8 \leftarrow \text{몫} \\ 70\,\overline{)\,579} \\ \underline{560} \\ 19 \leftarrow \text{나머지} \end{array}$$

➡ $579÷70=8 \cdots 19$
몫 나머지

16
$$\begin{array}{r} 7 \leftarrow \text{몫} \\ 90\,\overline{)\,645} \\ \underline{630} \\ 15 \leftarrow \text{나머지} \end{array}$$

➡ $645÷90=7 \cdots 15$
몫 나머지

5 (세 자리 수)÷(몇십)(6)

월 일

⏰ 계산을 하고 검산해 보시오. (1~8)

1

```
        7
30)2 1 9
    2 1 0
        9
```
검산 30×7+9=219

2
```
        7
60)4 2 3
    4 2 0
        3
```
검산 60×7+3=423

3
```
        6
40)2 4 8
    2 4 0
        8
```
검산 40×6+8=248

4
```
        7
50)3 5 1
    3 5 0
        1
```
검산 50×7+1=351

5
```
        8
70)5 7 2
    5 6 0
      1 2
```
검산 70×8+12=572

6
```
        5
90)4 6 3
    4 5 0
      1 3
```
검산 90×5+13=463

7
```
        7
30)2 3 5
    2 1 0
      2 5
```
검산 30×7+25=235

8
```
        8
80)7 1 8
    6 4 0
      7 8
```
검산 80×8+78=718

⏰ 계산을 하고 검산해 보시오. (9~20)

9 149÷20= 7 … 9
검산 20×7+9=149

10 152÷30= 5 … 2
검산 30×5+2=152

11 206÷40= 5 … 6
검산 40×5+6=206

12 361÷40= 9 … 1
검산 40×9+1=361

13 619÷70= 8 … 59
검산 70×8+59=619

14 183÷60= 3 … 3
검산 60×3+3=183

15 317÷80= 3 … 77
검산 80×3+77=317

16 402÷50= 8 … 2
검산 50×8+2=402

17 633÷90= 7 … 3
검산 90×7+3=633

18 497÷60= 8 … 17
검산 60×8+17=497

19 557÷70= 7 … 67
검산 70×7+67=557

20 893÷90= 9 … 83
검산 90×9+83=893

---

5 (세 자리 수)÷(몇십)(7)

월 일

⏰ 몫은 □ 안에, 나머지는 ○ 안에 써넣으시오. (1~8)

1

285 ÷ 40 = 7 … (5)
70
4
(5)

2
409 ÷ 50 = 8 … (9)
80
5
(9)

3
187 ÷ 20 = 9 … (7)
30
6
(7)

4
365 ÷ 50 = 7 … (15)
40
9
(5)

5
483 ÷ 70 = 6 … (63)
90
5
(33)

6
558 ÷ 60 = 9 … (18)
70
7
(68)

7
629 ÷ 70 = 8 … (69)
90
6
(89)

8
772 ÷ 90 = 8 … (52)
80
9
(52)

⏰ 가운데 ◇의 수를 바깥의 수로 나누어 묶은 큰 원의 빈 곳에, 나머지는 □ 안에 써넣으시오. (9~14)

9
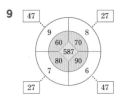
47   27
7   587   8
9   9
27   47

10
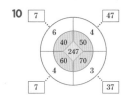
7   47
6   247   4
4   3
7   37

11
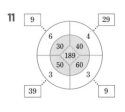
9   29
6   189   4
3   3
39   9

12
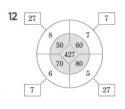
27   7
8   427   7
6   6
7   27

13
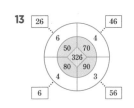
26   46
6   326   4
4   3
6   56

14
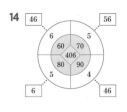
46   56
6   406   4
5   4
6   46

6 (두 자리 수)÷(두 자리 수)(1)

 학습 날짜 월 일

나머지가 없는 (두 자리 수)÷(두 자리 수)의 계산

$12 \times 2 = 24$	$\begin{array}{r} 4 ← 몫 \\ 12\overline{)48} \\ 48 \\ \hline 0 \end{array}$	$48 \div 12 = 4$
$12 \times 3 = 36$		검산 $12 \times 4 = 48$
$12 \times 4 = 48$		

□ 안에 알맞은 수를 써넣으시오. (1~6)

1
$12 \times 3 = 36$
$12 \times 4 = 48$
$12 \times 5 = 60$
$\begin{array}{r} 5 \\ 12\overline{)60} \\ 60 \\ \hline 0 \end{array}$

2
$11 \times 7 = 77$
$11 \times 8 = 88$
$11 \times 9 = 99$
$\begin{array}{r} 9 \\ 11\overline{)99} \\ 99 \\ \hline 0 \end{array}$

3
$15 \times 4 = 60$
$15 \times 5 = 75$
$15 \times 6 = 90$
$\begin{array}{r} 6 \\ 15\overline{)90} \\ 90 \\ \hline 0 \end{array}$

4
$23 \times 2 = 46$
$23 \times 3 = 69$
$23 \times 4 = 92$
$\begin{array}{r} 4 \\ 23\overline{)92} \\ 92 \\ \hline 0 \end{array}$

5
$32 \times 1 = 32$
$32 \times 2 = 64$
$32 \times 3 = 96$
$\begin{array}{r} 2 \\ 32\overline{)64} \\ 64 \\ \hline 0 \end{array}$

6
$19 \times 2 = 38$
$19 \times 3 = 57$
$19 \times 4 = 76$
$\begin{array}{r} 3 \\ 19\overline{)57} \\ 57 \\ \hline 0 \end{array}$

걸린 시간	1~6분	6~9분	9~12분
맞은 개수	11~12개	9~10개	1~8개
평가	참 잘했어요.	잘했어요.	좀더 노력해요.

□ 안에 알맞은 수를 써넣으시오. (7~12)

7
$\begin{array}{r} 3 \\ 26\overline{)78} \\ 78 \\ \hline 0 \end{array}$

$78 \div 26 = 3$
↓
검산 $26 \times 3 = 78$

8
$\begin{array}{r} 5 \\ 17\overline{)85} \\ 85 \\ \hline 0 \end{array}$

$85 \div 17 = 5$
↓
검산 $17 \times 5 = 85$

9
$\begin{array}{r} 2 \\ 49\overline{)98} \\ 98 \\ \hline 0 \end{array}$

$98 \div 49 = 2$
↓
검산 $49 \times 2 = 98$

10
$\begin{array}{r} 6 \\ 16\overline{)96} \\ 96 \\ \hline 0 \end{array}$

$96 \div 16 = 6$
↓
검산 $16 \times 6 = 96$

11
$\begin{array}{r} 4 \\ 18\overline{)72} \\ 72 \\ \hline 0 \end{array}$

$72 \div 18 = 4$
↓
검산 $18 \times 4 = 72$

12
$\begin{array}{r} 6 \\ 14\overline{)84} \\ 84 \\ \hline 0 \end{array}$

$84 \div 14 = 6$
↓
검산 $14 \times 6 = 84$

---

6 (두 자리 수)÷(두 자리 수)(2)

 학습 날짜 월 일

계산을 하고 검산해 보시오. (1~8)

1
$\begin{array}{r} 4 \\ 21\overline{)84} \\ 84 \\ \hline 0 \end{array}$
검산 $21 \times 4 = 84$

2
$\begin{array}{r} 2 \\ 39\overline{)78} \\ 78 \\ \hline 0 \end{array}$
검산 $39 \times 2 = 78$

3
$\begin{array}{r} 3 \\ 29\overline{)87} \\ 87 \\ \hline 0 \end{array}$
검산 $29 \times 3 = 87$

4
$\begin{array}{r} 5 \\ 18\overline{)90} \\ 90 \\ \hline 0 \end{array}$
검산 $18 \times 5 = 90$

5
$\begin{array}{r} 7 \\ 13\overline{)91} \\ 91 \\ \hline 0 \end{array}$
검산 $13 \times 7 = 91$

6
$\begin{array}{r} 3 \\ 28\overline{)84} \\ 84 \\ \hline 0 \end{array}$
검산 $28 \times 3 = 84$

7
$\begin{array}{r} 2 \\ 47\overline{)94} \\ 94 \\ \hline 0 \end{array}$
검산 $47 \times 2 = 94$

8
$\begin{array}{r} 4 \\ 22\overline{)88} \\ 88 \\ \hline 0 \end{array}$
검산 $22 \times 4 = 88$

걸린 시간	1~6분	6~9분	9~12분
맞은 개수	18~20개	14~17개	1~13개
평가	참 잘했어요.	잘했어요.	좀더 노력해요.

계산을 하고 검산해 보시오. (9~20)

9 $93 \div 31 = 3$
검산 $31 \times 3 = 93$

10 $64 \div 16 = 4$
검산 $16 \times 4 = 64$

11 $72 \div 24 = 3$
검산 $24 \times 3 = 72$

12 $96 \div 48 = 2$
검산 $48 \times 2 = 96$

13 $56 \div 14 = 4$
검산 $14 \times 4 = 56$

14 $95 \div 19 = 5$
검산 $19 \times 5 = 95$

15 $77 \div 11 = 7$
검산 $11 \times 7 = 77$

16 $66 \div 22 = 3$
검산 $22 \times 3 = 66$

17 $75 \div 15 = 5$
검산 $15 \times 5 = 75$

18 $96 \div 12 = 8$
검산 $12 \times 8 = 96$

19 $92 \div 23 = 4$
검산 $23 \times 4 = 92$

20 $91 \div 13 = 7$
검산 $13 \times 7 = 91$

6 (두 자리 수)÷(두 자리 수)(3)

월
일

나머지가 있는 (두 자리 수)÷(두 자리 수)의 계산

$16×3=48$	$\begin{array}{r}4\\16\overline{)65}\\64\\\hline1\end{array}$ ←몫 ←나머지	$65÷16=4 \cdots 1$
$16×4=64$		
$16×5=80$		검산 $16×4+1=65$

□ 안에 알맞은 수를 써넣으시오. (1~6)

1
$18×2=36$
$18×3=54$
$18×4=72$
$\begin{array}{r}3\\18\overline{)5\,6}\\5\,4\\\hline2\end{array}$

2
$15×4=60$
$15×5=75$
$15×6=90$
$\begin{array}{r}5\\15\overline{)8\,0}\\7\,5\\\hline5\end{array}$

3
$22×2=\boxed{44}$
$22×3=\boxed{66}$
$22×4=\boxed{88}$
$\begin{array}{r}4\\22\overline{)8\,9}\\8\,8\\\hline1\end{array}$

4
$21×2=\boxed{42}$
$21×3=\boxed{63}$
$21×4=\boxed{84}$
$\begin{array}{r}4\\21\overline{)8\,7}\\8\,4\\\hline3\end{array}$

5
$13×3=\boxed{39}$
$13×4=\boxed{52}$
$15×5=\boxed{75}$
$\begin{array}{r}4\\13\overline{)5\,8}\\5\,2\\\hline6\end{array}$

6
$16×4=\boxed{64}$
$16×5=\boxed{80}$
$16×6=\boxed{96}$
$\begin{array}{r}5\\16\overline{)8\,2}\\8\,0\\\hline2\end{array}$

계산은 빠르고 정확하게!

걸린 시간	1~6분	6~9분	9~12분
맞은 개수	11~12개	9~10개	1~8개
평가	참 잘했어요.	잘했어요.	좀더 노력해요.

□ 안에 알맞은 수를 써넣으시오. (7~12)

7
$\begin{array}{r}3\\24\overline{)7\,5}\\7\,2\\\hline3\end{array}$
$75÷24=\boxed{3} \cdots \boxed{3}$
검산 $24×\boxed{3}+\boxed{3}=75$

8
$\begin{array}{r}5\\18\overline{)9\,2}\\9\,0\\\hline2\end{array}$
$92÷18=\boxed{5} \cdots \boxed{2}$
검산 $18×\boxed{5}+\boxed{2}=\boxed{92}$

9
$\begin{array}{r}2\\34\overline{)7\,3}\\6\,8\\\hline5\end{array}$
$73÷34=\boxed{2} \cdots \boxed{5}$
검산 $34×\boxed{2}+\boxed{5}=\boxed{73}$

10
$\begin{array}{r}6\\16\overline{)9\,9}\\9\,6\\\hline3\end{array}$
$99÷16=\boxed{6} \cdots \boxed{3}$
검산 $16×\boxed{6}+\boxed{3}=\boxed{99}$

11
$\begin{array}{r}7\\12\overline{)9\,5}\\8\,4\\\hline1\,1\end{array}$
$95÷12=\boxed{7} \cdots \boxed{11}$
검산 $\boxed{12}×\boxed{7}+\boxed{11}=\boxed{95}$

12
$\begin{array}{r}3\\23\overline{)8\,7}\\6\,9\\\hline1\,8\end{array}$
$87÷23=\boxed{3} \cdots \boxed{18}$
검산 $\boxed{23}×\boxed{3}+\boxed{18}=\boxed{87}$

---

6 (두 자리 수)÷(두 자리 수)(4)

월
일

계산을 하고 검산해 보시오. (1~8)

1
$\begin{array}{r}4\\18\overline{)7\,8}\\7\,2\\\hline6\end{array}$
검산 $18×\boxed{4}+\boxed{6}=78$

2
$\begin{array}{r}4\\21\overline{)8\,7}\\8\,4\\\hline3\end{array}$
검산 $21×\boxed{4}+\boxed{3}=87$

3
$\begin{array}{r}2\\41\overline{)8\,9}\\8\,2\\\hline7\end{array}$
검산 $41×\boxed{2}+\boxed{7}=\boxed{89}$

4
$\begin{array}{r}3\\28\overline{)9\,0}\\8\,4\\\hline6\end{array}$
검산 $28×\boxed{3}+\boxed{6}=\boxed{90}$

5
$\begin{array}{r}6\\12\overline{)7\,7}\\7\,2\\\hline5\end{array}$
검산 $12×6+5=77$

6
$\begin{array}{r}2\\37\overline{)8\,8}\\7\,4\\\hline1\,4\end{array}$
검산 $37×2+14=88$

7
$\begin{array}{r}2\\35\overline{)9\,4}\\7\,0\\\hline2\,4\end{array}$
검산 $35×2+24=94$

8
$\begin{array}{r}3\\23\overline{)7\,5}\\6\,9\\\hline6\end{array}$
검산 $23×3+6=75$

계산은 빠르고 정확하게!

걸린 시간	1~8분	8~12분	12~16분
맞은 개수	18~20개	14~17개	1~13개
평가	참 잘했어요.	잘했어요.	좀더 노력해요.

계산을 하고 검산해 보시오. (9~20)

9 $79÷31=\boxed{2} \cdots \boxed{17}$
검산 $31×\boxed{2}+\boxed{17}=79$

10 $66÷32=\boxed{2} \cdots \boxed{2}$
검산 $32×\boxed{2}+\boxed{2}=66$

11 $63÷12=\boxed{5} \cdots \boxed{3}$
검산 $12×\boxed{5}+\boxed{3}=\boxed{63}$

12 $77÷26=\boxed{2} \cdots \boxed{25}$
검산 $26×\boxed{2}+\boxed{25}=\boxed{77}$

13 $79÷15=\boxed{5} \cdots \boxed{4}$
검산 $15×5+4=79$

14 $98÷19=\boxed{5} \cdots \boxed{3}$
검산 $19×5+3=98$

15 $95÷28=\boxed{3} \cdots \boxed{11}$
검산 $28×3+11=95$

16 $99÷45=\boxed{2} \cdots \boxed{9}$
검산 $45×2+9=99$

17 $82÷33=\boxed{2} \cdots \boxed{16}$
검산 $33×2+16=82$

18 $93÷26=\boxed{3} \cdots \boxed{15}$
검산 $26×3+15=93$

19 $79÷18=\boxed{4} \cdots \boxed{7}$
검산 $18×4+7=79$

20 $97÷23=\boxed{4} \cdots \boxed{5}$
검산 $23×4+5=97$

정답

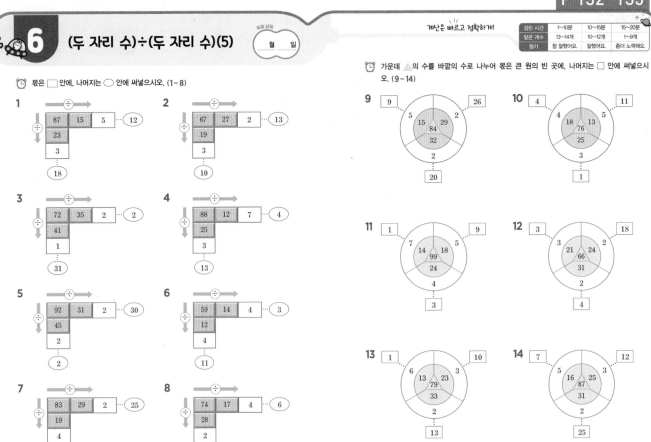

6 (두 자리 수)÷(두 자리 수)(5)

월 일

계산은 빠르고 정확하게!

걸린 시간	1~10분	10~15분	15~20분
맞은 개수	13~14개	10~12개	1~9개
평가	참 잘했어요.	잘했어요.	좀더 노력해요.

몫은 □ 안에, 나머지는 ○ 안에 써넣으시오. (1~8)

가운데 ⚠의 수를 바깥의 수로 나누어 몫은 큰 원의 빈 곳에, 나머지는 □ 안에 써넣으시오. (9~14)

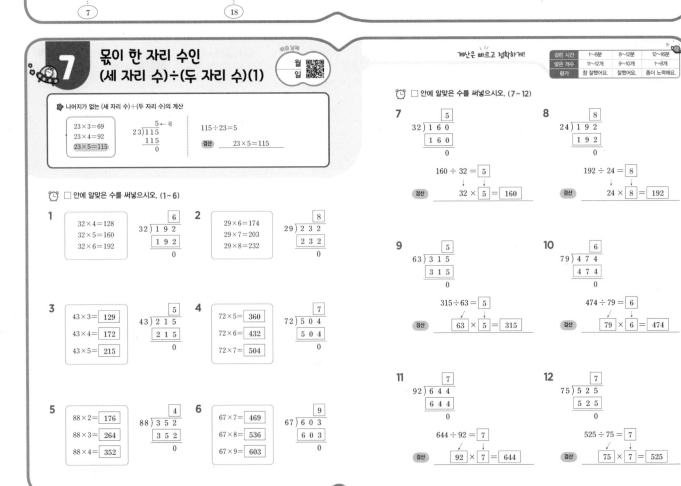

7 몫이 한 자리 수인 (세 자리 수)÷(두 자리 수)(1)

월 일

계산은 빠르고 정확하게!

걸린 시간	1~8분	8~12분	12~16분
맞은 개수	11~12개	9~10개	1~8개
평가	참 잘했어요.	잘했어요.	좀더 노력해요.

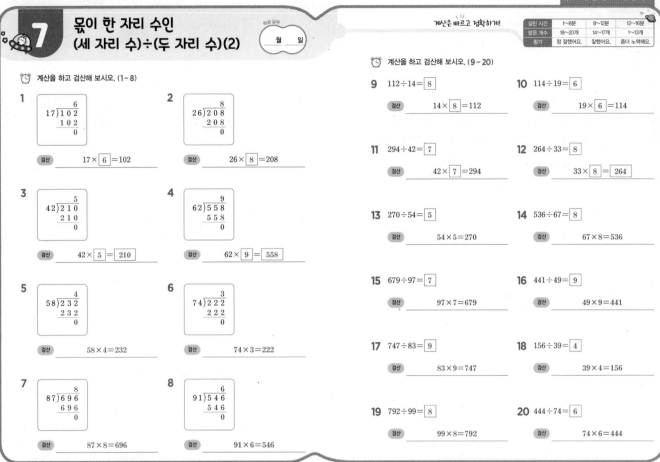

7 몫이 한 자리 수인 (세 자리 수)÷(두 자리 수)(2)

월 일

계산은 빠르고 정확하게!

걸린 시간	1~8분	8~12분	12~16분
맞은 개수	18~20개	14~17개	1~13개
평가	참 잘했어요.	잘했어요.	좀더 노력해요.

계산을 하고 검산해 보시오. (1~8)

1.
```
      6
17)1 0 2
   1 0 2
       0
```
검산 17×6=102

2.
```
      8
26)2 0 8
   2 0 8
       0
```
검산 26×8=208

3.
```
      5
42)2 1 0
   2 1 0
       0
```
검산 42×5=210

4.
```
      9
62)5 5 8
   5 5 8
       0
```
검산 62×9=558

5.
```
      4
58)2 3 2
   2 3 2
       0
```
검산 58×4=232

6.
```
      3
74)2 2 2
   2 2 2
       0
```
검산 74×3=222

7.
```
      8
87)6 9 6
   6 9 6
       0
```
검산 87×8=696

8.
```
      6
91)5 4 6
   5 4 6
       0
```
검산 91×6=546

계산을 하고 검산해 보시오. (9~20)

9. 112÷14=8
검산 14×8=112

10. 114÷19=6
검산 19×6=114

11. 294÷42=7
검산 42×7=294

12. 264÷33=8
검산 33×8=264

13. 270÷54=5
검산 54×5=270

14. 536÷67=8
검산 67×8=536

15. 679÷97=7
검산 97×7=679

16. 441÷49=9
검산 49×9=441

17. 747÷83=9
검산 83×9=747

18. 156÷39=4
검산 39×4=156

19. 792÷99=8
검산 99×8=792

20. 444÷74=6
검산 74×6=444

7 몫이 한 자리 수인 (세 자리 수)÷(두 자리 수)(3)

월 일

계산은 빠르고 정확하게!

걸린 시간	1~8분	8~12분	12~16분
맞은 개수	20~22개	16~19개	1~15개
평가	참 잘했어요.	잘했어요.	좀더 노력해요.

□ 안에 알맞은 수를 써넣으시오. (1~10)

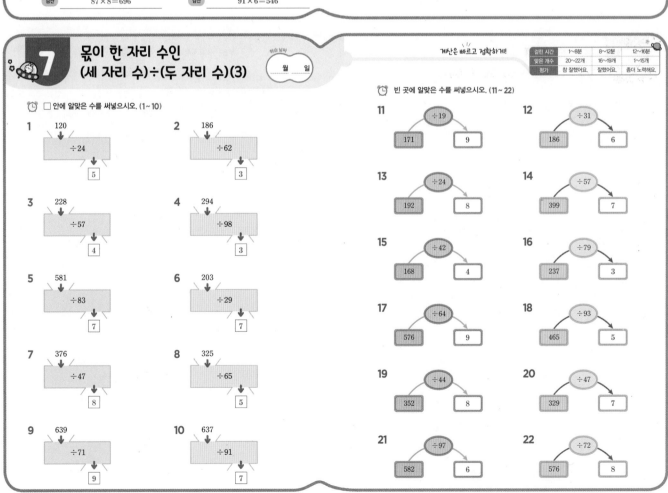

1. 120 ÷24 → 5

2. 186 ÷62 → 3

3. 228 ÷57 → 4

4. 294 ÷98 → 3

5. 581 ÷83 → 7

6. 203 ÷29 → 7

7. 376 ÷47 → 8

8. 325 ÷65 → 5

9. 639 ÷71 → 9

10. 637 ÷91 → 7

빈 곳에 알맞은 수를 써넣으시오. (11~22)

11. 171 ÷19 9

12. 186 ÷31 6

13. 192 ÷24 8

14. 399 ÷57 7

15. 168 ÷42 4

16. 237 ÷79 3

17. 576 ÷64 9

18. 465 ÷93 5

19. 352 ÷44 8

20. 329 ÷47 7

21. 582 ÷97 6

22. 576 ÷72 8

7 몫이 한 자리 수인 (세 자리 수)÷(두 자리 수)(4)

📝 나머지가 있는 (세 자리 수)÷(두 자리 수)의 계산

$$24 \times 3 = 72$$
$$24 \times 4 = 96$$
$$24 \times 5 = 120$$

$$24 \overline{)125} \quad \begin{array}{r} 5 ← 몫 \\ 120 \\ \hline 5 ← 나머지 \end{array}$$

$$125 ÷ 24 = 5 \cdots 5$$

검산 $24 \times 5 + 5 = 125$

계산은 빠르고 정확하게!

걸린 시간	1~8분	8~12분	12~16분
맞은 개수	11~12개	9~10개	1~8개
평가	참 잘했어요	잘했어요	좀더 노력해요

⏰ □ 안에 알맞은 수를 써넣으시오. (1~6)

1
$$27 \times 5 = 135$$
$$27 \times 6 = 162$$
$$27 \times 7 = 189$$

$$27 \overline{)165} \quad \begin{array}{r} 6 \\ 162 \\ \hline 3 \end{array}$$

2
$$36 \times 4 = 144$$
$$36 \times 5 = 180$$
$$36 \times 6 = 216$$

$$36 \overline{)187} \quad \begin{array}{r} 5 \\ 180 \\ \hline 7 \end{array}$$

3
$$49 \times 3 = 147$$
$$49 \times 4 = 196$$
$$49 \times 5 = 245$$

$$49 \overline{)198} \quad \begin{array}{r} 4 \\ 196 \\ \hline 2 \end{array}$$

4
$$65 \times 5 = 325$$
$$65 \times 6 = 390$$
$$65 \times 7 = 455$$

$$65 \overline{)392} \quad \begin{array}{r} 6 \\ 390 \\ \hline 2 \end{array}$$

5
$$57 \times 2 = 114$$
$$57 \times 3 = 171$$
$$57 \times 4 = 228$$

$$57 \overline{)178} \quad \begin{array}{r} 3 \\ 171 \\ \hline 7 \end{array}$$

6
$$81 \times 7 = 567$$
$$81 \times 8 = 648$$
$$81 \times 9 = 729$$

$$81 \overline{)650} \quad \begin{array}{r} 8 \\ 648 \\ \hline 2 \end{array}$$

⏰ □ 안에 알맞은 수를 써넣으시오. (7~12)

7
$$16 \overline{)115} \quad \begin{array}{r} 7 \\ 112 \\ \hline 3 \end{array}$$

$$115 ÷ 16 = 7 \cdots 3$$

검산 $16 \times 7 + 3 = 115$

8
$$29 \overline{)147} \quad \begin{array}{r} 5 \\ 145 \\ \hline 2 \end{array}$$

$$147 ÷ 29 = 5 \cdots 2$$

검산 $29 \times 5 + 2 = 147$

9
$$38 \overline{)269} \quad \begin{array}{r} 7 \\ 266 \\ \hline 3 \end{array}$$

$$269 ÷ 38 = 7 \cdots 3$$

검산 $38 \times 7 + 3 = 269$

10
$$46 \overline{)420} \quad \begin{array}{r} 9 \\ 414 \\ \hline 6 \end{array}$$

$$420 ÷ 46 = 9 \cdots 6$$

검산 $46 \times 9 + 6 = 420$

11
$$87 \overline{)698} \quad \begin{array}{r} 8 \\ 696 \\ \hline 2 \end{array}$$

$$698 ÷ 87 = 8 \cdots 2$$

검산 $87 \times 8 + 2 = 698$

12
$$73 \overline{)567} \quad \begin{array}{r} 7 \\ 511 \\ \hline 56 \end{array}$$

$$567 ÷ 73 = 7 \cdots 56$$

검산 $73 \times 7 + 56 = 567$

7 몫이 한 자리 수인 (세 자리 수)÷(두 자리 수)(5)

계산은 빠르고 정확하게!

걸린 시간	1~10분	10~15분	15~20분
맞은 개수	18~20개	14~17개	1~13개
평가	참 잘했어요	잘했어요	좀더 노력해요

⏰ 계산을 하고 검산해 보시오. (1~8)

1
$$14 \overline{)115} \quad \begin{array}{r} 8 \\ 112 \\ \hline 3 \end{array}$$

검산 $14 \times 8 + 3 = 115$

2
$$27 \overline{)165} \quad \begin{array}{r} 6 \\ 162 \\ \hline 3 \end{array}$$

검산 $27 \times 6 + 3 = 165$

3
$$36 \overline{)290} \quad \begin{array}{r} 8 \\ 288 \\ \hline 2 \end{array}$$

검산 $36 \times 8 + 2 = 290$

4
$$62 \overline{)499} \quad \begin{array}{r} 8 \\ 496 \\ \hline 3 \end{array}$$

검산 $62 \times 8 + 3 = 499$

5
$$59 \overline{)418} \quad \begin{array}{r} 7 \\ 413 \\ \hline 5 \end{array}$$

검산 $59 \times 7 + 5 = 418$

6
$$64 \overline{)397} \quad \begin{array}{r} 6 \\ 384 \\ \hline 13 \end{array}$$

검산 $64 \times 6 + 13 = 397$

7
$$72 \overline{)586} \quad \begin{array}{r} 8 \\ 576 \\ \hline 10 \end{array}$$

검산 $72 \times 8 + 10 = 586$

8
$$93 \overline{)849} \quad \begin{array}{r} 9 \\ 837 \\ \hline 12 \end{array}$$

검산 $93 \times 9 + 12 = 849$

⏰ □ 안에 알맞은 수를 써넣으시오. (9~20)

9 $125 ÷ 15 = 8 \cdots 5$

검산 $15 \times 8 + 5 = 125$

10 $316 ÷ 45 = 7 \cdots 1$

검산 $45 \times 7 + 1 = 316$

11 $138 ÷ 27 = 5 \cdots 3$

검산 $27 \times 5 + 3 = 138$

12 $368 ÷ 91 = 4 \cdots 4$

검산 $91 \times 4 + 4 = 368$

13 $423 ÷ 83 = 5 \cdots 8$

검산 $83 \times 5 + 8 = 423$

14 $268 ÷ 87 = 3 \cdots 7$

검산 $87 \times 3 + 7 = 268$

15 $520 ÷ 57 = 9 \cdots 7$

검산 $57 \times 9 + 7 = 520$

16 $211 ÷ 66 = 3 \cdots 13$

검산 $66 \times 3 + 13 = 211$

17 $426 ÷ 69 = 6 \cdots 12$

검산 $69 \times 6 + 12 = 426$

18 $768 ÷ 84 = 9 \cdots 12$

검산 $84 \times 9 + 12 = 768$

19 $867 ÷ 95 = 9 \cdots 12$

검산 $95 \times 9 + 12 = 867$

20 $903 ÷ 99 = 9 \cdots 12$

검산 $99 \times 9 + 12 = 903$

7 몫이 한 자리 수인 (세 자리 수)÷(두 자리 수)(6)

학습 날짜
월 일

계산은 빠르고 정확하게!

걸린 시간	1~12분	12~18분	18~24분
맞은 개수	13~14개	10~12개	1~9개
평가	참 잘했어요.	잘했어요.	좀더 노력해요.

몫은 □ 안에, 나머지는 ○ 안에 써넣으시오. (1~8)

1
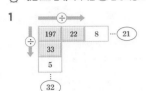
197 ÷ 22 = 8 … 21
33
5
(32)

2
317 ÷ 32 = 9 … 29
41
7
(30)

3
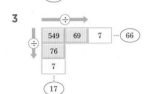
549 ÷ 69 = 7 … 66
76
7
(17)

4
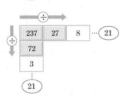
237 ÷ 27 = 8 … 21
72
3
(21)

5
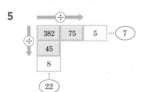
382 ÷ 75 = 5 … 7
45
8
(22)

6
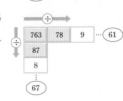
763 ÷ 78 = 9 … 61
87
8
(67)

7
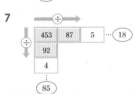
453 ÷ 87 = 5 … 18
92
4
(85)

8
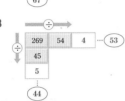
269 ÷ 54 = 4 … 53
45
5
(44)

가운데 △의 수를 바깥의 수로 나누어 몫은 큰 원의 빈 곳에, 나머지는 □ 안에 써넣으시오. (9~14)

9
6 … 5
7, 5
17, 125, 24
32
3
29

10
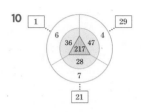
1 … 29
6, 4
36, 217, 47
28
7
21

11
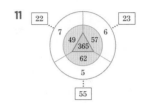
22 … 23
7, 6
49, 365, 57
62
5
55

12
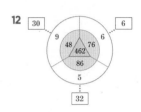
30 … 6
9, 6
48, 462, 76
86
5
32

13
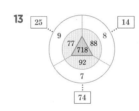
25 … 14
9, 8
77, 718, 88
92
7
74

14
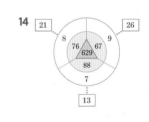
21 … 26
8, 9
76, 629, 67
88
7
13

8 몫이 두 자리 수인 (세 자리 수)÷(두 자리 수)(1)

학습 날짜
월 일

계산은 빠르고 정확하게!

걸린 시간	1~7분	7~10분	10~13분
맞은 개수	7개	5~6개	1~4개
평가	참 잘했어요.	잘했어요.	좀더 노력해요.

465÷15의 계산

$$15\overline{)465} \Rightarrow 15\overline{)465} \begin{array}{r} 3 \\ \underline{45} \\ 15 \end{array} \Rightarrow 15\overline{)465} \begin{array}{r} 31 \\ \underline{45} \\ 15 \\ \underline{15} \\ 0 \end{array}$$

465÷15=31   검산   15×31=465

□ 안에 알맞은 수를 써넣으시오. (1~4)

1
$$15\overline{)270} \begin{array}{r} 18 \end{array}$$
150 ← 15× 10
120 ← 270 − 150
120 ← 15× 8
0 ← 120 − 120

2
$$23\overline{)322} \begin{array}{r} 14 \end{array}$$
230 ← 23× 10
92 ← 322 − 230
92 ← 23× 4
0 ← 92 − 92

3
$$36\overline{)828} \begin{array}{r} 23 \end{array}$$
720 ← 36× 20
108 ← 828 − 720
108 ← 36× 3
0 ← 108 − 108

4
$$21\overline{)567} \begin{array}{r} 27 \end{array}$$
420 ← 21× 20
147 ← 567 − 420
147 ← 21× 7
0 ← 147 − 147

□ 안에 알맞은 수를 써넣으시오. (5~7)

5

$$25\overline{)650} \Rightarrow 25\overline{)650} \begin{array}{r} 2 \\ 50 \\ 150 \end{array} \Rightarrow 25\overline{)650} \begin{array}{r} 26 \\ 50 \\ 150 \\ 150 \\ 0 \end{array}$$

650÷25= 26   ➡   검산   25× 26 = 650

6
$$19\overline{)646} \Rightarrow 19\overline{)646} \begin{array}{r} 3 \\ 57 \\ 76 \end{array} \Rightarrow 19\overline{)646} \begin{array}{r} 34 \\ 57 \\ 76 \\ 76 \\ 0 \end{array}$$

646÷19= 34   ➡   검산   19× 34 = 646

7
$$34\overline{)816} \Rightarrow 34\overline{)816} \begin{array}{r} 2 \\ 68 \\ 136 \end{array} \Rightarrow 34\overline{)816} \begin{array}{r} 24 \\ 68 \\ 136 \\ 136 \\ 0 \end{array}$$

816÷34= 24   ➡   검산   34× 24 = 816

8 몫이 두 자리 수인 (세 자리 수)÷(두 자리 수)(2)

월 일

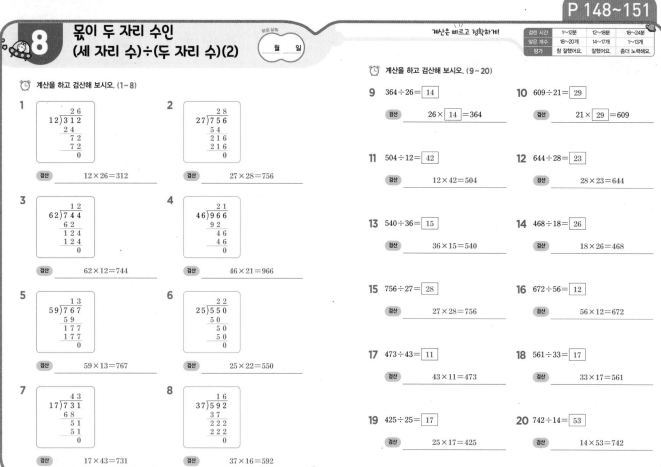

계산을 하고 검산해 보시오. (1~8)

1
$$12)\overline{312}$$ 몫 26

검산　12×26=312

2
$$27)\overline{756}$$ 몫 28

검산　27×28=756

3
$$62)\overline{744}$$ 몫 12

검산　62×12=744

4
$$46)\overline{966}$$ 몫 21

검산　46×21=966

5
$$59)\overline{767}$$ 몫 13

검산　59×13=767

6
$$25)\overline{550}$$ 몫 22

검산　25×22=550

7
$$17)\overline{731}$$ 몫 43

검산　17×43=731

8
$$37)\overline{592}$$ 몫 16

검산　37×16=592

계산은 빠르고 정확하게!

걸린 시간	1~12분	12~18분	18~24분
맞은 개수	18~20개	14~17개	1~13개
평가	참 잘했어요.	잘했어요.	좀더 노력해요.

계산을 하고 검산해 보시오. (9~20)

9 364÷26= 14

검산　26× 14 =364

10 609÷21= 29

검산　21× 29 =609

11 504÷12= 42

검산　12×42=504

12 644÷28= 23

검산　28×23=644

13 540÷36= 15

검산　36×15=540

14 468÷18= 26

검산　18×26=468

15 756÷27= 28

검산　27×28=756

16 672÷56= 12

검산　56×12=672

17 473÷43= 11

검산　43×11=473

18 561÷33= 17

검산　33×17=561

19 425÷25= 17

검산　25×17=425

20 742÷14= 53

검산　14×53=742

8 몫이 두 자리 수인 (세 자리 수)÷(두 자리 수)(3)

월 일

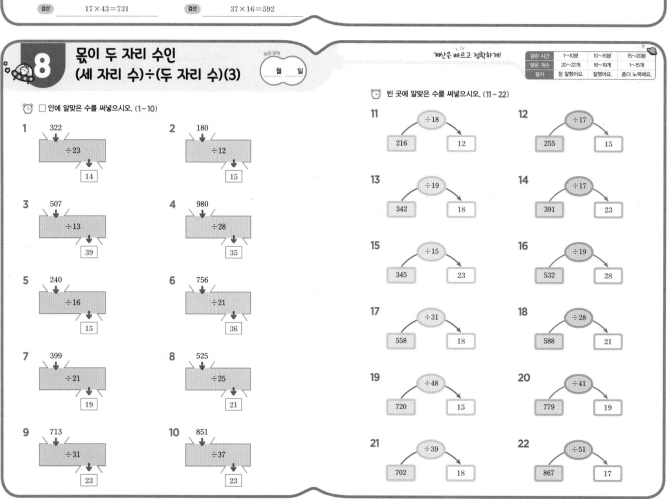

□ 안에 알맞은 수를 써넣으시오. (1~10)

1 322 ÷23 → 14

2 180 ÷12 → 15

3 507 ÷13 → 39

4 980 ÷28 → 35

5 240 ÷16 → 15

6 756 ÷21 → 36

7 399 ÷21 → 19

8 525 ÷25 → 21

9 713 ÷31 → 23

10 851 ÷37 → 23

계산은 빠르고 정확하게!

걸린 시간	1~10분	10~15분	15~20분
맞은 개수	20~22개	16~19개	1~15개
평가	참 잘했어요.	잘했어요.	좀더 노력해요.

빈 곳에 알맞은 수를 써넣으시오. (11~22)

11 216 ÷18 → 12

12 255 ÷17 → 15

13 342 ÷19 → 18

14 391 ÷17 → 23

15 345 ÷15 → 23

16 532 ÷19 → 28

17 558 ÷31 → 18

18 588 ÷28 → 21

19 720 ÷48 → 15

20 779 ÷41 → 19

21 702 ÷39 → 18

22 867 ÷51 → 17

8 몫이 두 자리 수인 (세 자리 수)÷(두 자리 수)(4)

학습 날짜 월 일

452÷18의 계산

$$18\overline{)452} \Rightarrow 18\overline{)452}\ \ \begin{array}{r}2\\36\\\hline92\end{array} \Rightarrow 18\overline{)452}\ \ \begin{array}{r}25\leftarrow\text{몫}\\36\\\hline92\\90\\\hline2\leftarrow\text{나머지}\end{array}$$

$452÷18=25 \cdots 2$ 검산 $18×25+2=452$

⏰ □ 안에 알맞은 수를 써넣으시오. (1~4)

1
$$12\overline{)206}\ \begin{array}{r}17\\\hline120\\86\\84\\\hline2\end{array}$$
←12× 10
←206− 120
←12× 7
←86 − 84

2
$$16\overline{)373}\ \begin{array}{r}23\\\hline320\\53\\48\\\hline5\end{array}$$
←16× 20
←373− 320
←16× 3
←53 − 48

3
$$24\overline{)363}\ \begin{array}{r}15\\\hline240\\123\\120\\\hline3\end{array}$$
←24× 10
←363− 240
←24× 5
←123 − 120

4
$$32\overline{)865}\ \begin{array}{r}27\\\hline640\\225\\224\\\hline1\end{array}$$
←32× 20
←863− 640
←32× 7
←225 − 224

계산은 빠르고 정확하게!

걸린 시간	1~7분	7~10분	10~13분
맞은 개수	7개	5~6개	1~4개
평가	참 잘했어요.	잘했어요.	좀더 노력해요.

⏰ □ 안에 알맞은 수를 써넣으시오. (5~7)

5
$$24\overline{)435} \Rightarrow 24\overline{)435}\ \begin{array}{r}1\\24\\\hline195\end{array} \Rightarrow 24\overline{)435}\ \begin{array}{r}18\\24\\\hline195\\192\\\hline3\end{array}$$

$435÷24= 18 \cdots 3 \Rightarrow$ 검산 $24× 18 + 3 = 435$

6
$$31\overline{)810} \Rightarrow 31\overline{)810}\ \begin{array}{r}2\\62\\\hline190\end{array} \Rightarrow 31\overline{)810}\ \begin{array}{r}26\\62\\\hline190\\186\\\hline4\end{array}$$

$810÷31= 26 \cdots 4 \Rightarrow$ 검산 $31× 26 + 4 = 810$

7
$$19\overline{)803} \Rightarrow 19\overline{)803}\ \begin{array}{r}4\\76\\\hline43\end{array} \Rightarrow 19\overline{)803}\ \begin{array}{r}42\\76\\\hline43\\38\\\hline5\end{array}$$

$803÷19= 42 \cdots 5 \Rightarrow$ 검산 $19× 42 + 5 = 803$

8 몫이 두 자리 수인 (세 자리 수)÷(두 자리 수)(5)

학습 날짜 월 일

⏰ 계산을 하고 검산해 보시오. (1~8)

1
$$11\overline{)167}\ \begin{array}{r}15\\11\\\hline57\\55\\\hline2\end{array}$$
검산 $11×15+2=167$

2
$$26\overline{)470}\ \begin{array}{r}18\\26\\\hline210\\208\\\hline2\end{array}$$
검산 $26×18+2=470$

3
$$25\overline{)335}\ \begin{array}{r}13\\25\\\hline85\\75\\\hline10\end{array}$$
검산 $25×13+10=335$

4
$$54\overline{)715}\ \begin{array}{r}13\\54\\\hline175\\162\\\hline13\end{array}$$
검산 $54×13+13=715$

5
$$48\overline{)785}\ \begin{array}{r}16\\48\\\hline305\\288\\\hline17\end{array}$$
검산 $48×16+17=785$

6
$$69\overline{)839}\ \begin{array}{r}12\\69\\\hline149\\138\\\hline11\end{array}$$
검산 $69×12+11=839$

7
$$41\overline{)995}\ \begin{array}{r}24\\82\\\hline175\\164\\\hline11\end{array}$$
검산 $41×24+11=995$

8
$$37\overline{)678}\ \begin{array}{r}18\\37\\\hline308\\296\\\hline12\end{array}$$
검산 $37×18+12=678$

계산은 빠르고 정확하게!

걸린 시간	1~12분	12~18분	18~24분
맞은 개수	18~20개	14~17개	1~13개
평가	참 잘했어요.	잘했어요.	좀더 노력해요.

⏰ 계산을 하고 검산해 보시오. (9~20)

9 $309÷14= 22 \cdots 1$
검산 $14×22+1=309$

10 $459÷19= 24 \cdots 3$
검산 $19×24+3=459$

11 $412÷27= 15 \cdots 7$
검산 $27×15+7=412$

12 $627÷25= 25 \cdots 2$
검산 $25×25+2=627$

13 $762÷36= 21 \cdots 6$
검산 $36×21+6=762$

14 $582÷41= 14 \cdots 8$
검산 $41×14+8=582$

15 $632÷57= 11 \cdots 5$
검산 $57×11+5=632$

16 $925÷71= 13 \cdots 2$
검산 $71×13+2=925$

17 $699÷33= 21 \cdots 6$
검산 $33×21+3=699$

18 $529÷29= 18 \cdots 7$
검산 $29×18+7=529$

19 $597÷45= 13 \cdots 12$
검산 $45×13+12=597$

20 $772÷63= 12 \cdots 16$
검산 $63×12+16=772$

정답

8 몫이 두 자리 수인 (세 자리 수)÷(두 자리 수)(6)

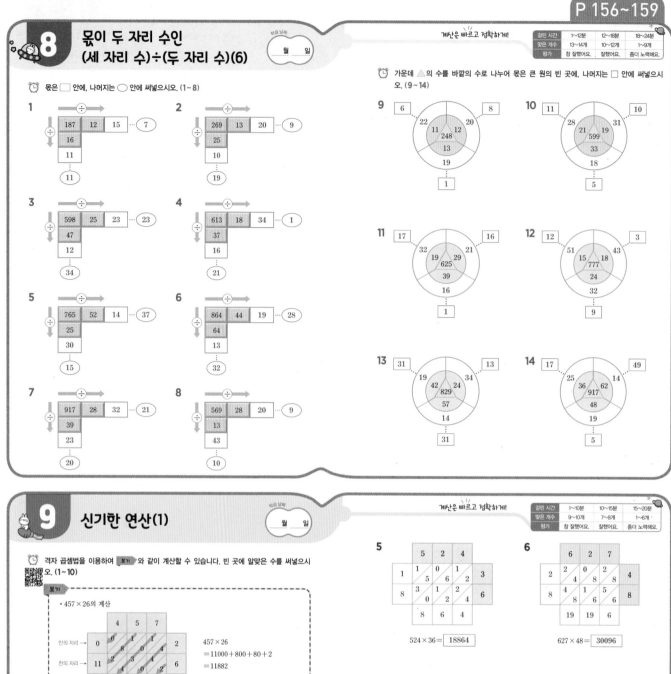

계산은 빠르고 정확하게!

걸린 시간	1~12분	12~18분	18~24분
맞은 개수	13~14개	10~12개	1~9개
평가	참 잘했어요	잘했어요	좀더 노력해요

몫은 ☐ 안에, 나머지는 ◯ 안에 써넣으시오. (1~8)

가운데 △의 수를 바깥의 수로 나누어 몫은 큰 원의 빈 곳에, 나머지는 ☐ 안에 써넣으시오. (9~14)

9 신기한 연산(1)

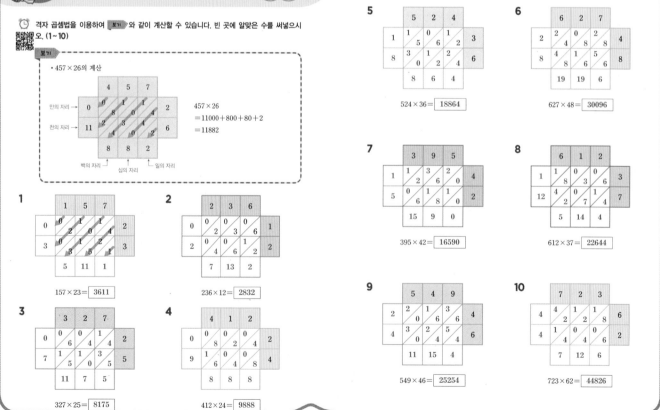

계산은 빠르고 정확하게!

걸린 시간	1~10분	10~15분	15~20분
맞은 개수	9~10개	7~8개	1~6개
평가	참 잘했어요	잘했어요	좀더 노력해요

격자 곱셈법을 이용하여 보기 와 같이 계산할 수 있습니다. 빈 곳에 알맞은 수를 써넣으시오. (1~10)

9 신기한 연산(2)

월 일

계산은 빠르고 정확하게!

걸린 시간	1~15분	15~20분	20~25분
맞은 개수	7~8개	5~6개	1~4개
평가	참 잘했어요.	잘했어요.	좀더 노력해요.

주어진 나눗셈식에서 ♥는 100보다 크고 300보다 작은 자연수입니다. 물음에 답하시오. (1~3)

$$♥ \div 30 = ■ \cdots ▲$$

1 나머지가 5일 때의 나눗셈식을 모두 써 보시오.

$125 \div 30 = 4 \cdots 5$ $155 \div 30 = 5 \cdots 5$

$185 \div 30 = 6 \cdots 5$ $215 \div 30 = 7 \cdots 5$

$245 \div 30 = 8 \cdots 5$ $275 \div 30 = 9 \cdots 5$

2 몫과 나머지가 같을 때의 나눗셈식을 모두 써 보시오.

$124 \div 30 = 4 \cdots 4$ $155 \div 30 = 5 \cdots 5$

$186 \div 30 = 6 \cdots 6$ $217 \div 30 = 7 \cdots 7$

$248 \div 30 = 8 \cdots 8$ $279 \div 30 = 9 \cdots 9$

3 나머지가 가장 클 때의 나눗셈식을 모두 써 보시오.

$119 \div 30 = 3 \cdots 29$ $149 \div 30 = 4 \cdots 29$

$179 \div 30 = 5 \cdots 29$ $209 \div 30 = 6 \cdots 29$

$239 \div 30 = 7 \cdots 29$ $269 \div 30 = 8 \cdots 29$

$299 \div 30 = 9 \cdots 29$

♥는 두 자리 수, ★은 한 자리 수입니다. 보기 를 참고하여 조건에 맞는 나눗셈을 만들어 보시오. (4~8)

보기

$130 \div ♥ = ★$ 에서 $130 \div ★ = ♥$ 이므로 130을 한 자리 수인 ★로 나누어떨어지게 하는 경우는 $130 \div 1 = 130$, $130 \div 2 = 65$, $130 \div 5 = 26$입니다.
따라서 $130 \div ♥ = ★$을 만족하는 나눗셈식은 $130 \div 65 = 2$, $130 \div 26 = 5$입니다.

4 $246 \div ♥ = ★$ $246 \div 82 = 3$ $246 \div 41 = 6$

5 $348 \div ♥ = ★$ $348 \div 87 = 4$ $348 \div 58 = 6$

6 $150 \div ♥ = ★$ $150 \div 75 = 2$ $150 \div 50 = 3$

   $150 \div 30 = 5$ $150 \div 25 = 6$

7 $280 \div ♥ = ★$ $280 \div 70 = 4$ $280 \div 56 = 5$

   $280 \div 40 = 7$ $280 \div 35 = 8$

8 $126 \div ♥ = ★$ $126 \div 63 = 2$ $126 \div 42 = 3$

   $126 \div 21 = 6$ $126 \div 18 = 7$

   $126 \div 14 = 9$

확인 평가

걸린 시간	1~15분	15~20분	20~25분
맞은 개수	32~35개	25~31개	1~24개
평가	참 잘했어요.	잘했어요.	좀더 노력해요.

계산을 하시오. (1~19)

1
$\begin{array}{r} 300 \\ \times\ 40 \\ \hline 12000 \end{array}$

2
$\begin{array}{r} 270 \\ \times\ 30 \\ \hline 8100 \end{array}$

3
$\begin{array}{r} 480 \\ \times\ 50 \\ \hline 24000 \end{array}$

4
$\begin{array}{r} 572 \\ \times\ 30 \\ \hline 17160 \end{array}$

5
$\begin{array}{r} 625 \\ \times\ 20 \\ \hline 12500 \end{array}$

6
$\begin{array}{r} 497 \\ \times\ 50 \\ \hline 24850 \end{array}$

7
$\begin{array}{r} 627 \\ \times\ 32 \\ \hline 20064 \end{array}$

8
$\begin{array}{r} 548 \\ \times\ 36 \\ \hline 19728 \end{array}$

9
$\begin{array}{r} 672 \\ \times\ 58 \\ \hline 38976 \end{array}$

10 $700 \times 90 = 63000$

11 $690 \times 80 = 55200$

12 $548 \times 30 = 16440$

13 $972 \times 40 = 38880$

14 $427 \times 46 = 19642$

15 $547 \times 69 = 37743$

16 $514 \times 27 = 13878$

17 $625 \times 25 = 15625$

18 $827 \times 66 = 54582$

19 $747 \times 88 = 65736$

계산을 하고 검산해 보시오. (20~27)

20
$\begin{array}{r} 3 \\ 30\overline{)94} \\ 90 \\ \hline 4 \end{array}$

검산 $30 \times 3 + 4 = 94$

21
$\begin{array}{r} 4 \\ 20\overline{)87} \\ 80 \\ \hline 7 \end{array}$

검산 $20 \times 4 + 7 = 87$

22
$\begin{array}{r} 7 \\ 40\overline{)285} \\ 280 \\ \hline 5 \end{array}$

검산 $40 \times 7 + 5 = 285$

23
$\begin{array}{r} 7 \\ 80\overline{)574} \\ 560 \\ \hline 14 \end{array}$

검산 $80 \times 7 + 14 = 574$

24
$\begin{array}{r} 4 \\ 19\overline{)76} \\ 76 \\ \hline 0 \end{array}$

검산 $19 \times 4 = 76$

25
$\begin{array}{r} 3 \\ 27\overline{)81} \\ 81 \\ \hline 0 \end{array}$

검산 $27 \times 3 = 81$

26
$\begin{array}{r} 4 \\ 13\overline{)57} \\ 52 \\ \hline 5 \end{array}$

검산 $13 \times 4 + 3 = 57$

27
$\begin{array}{r} 7 \\ 12\overline{)93} \\ 84 \\ \hline 9 \end{array}$

검산 $12 \times 7 + 9 = 93$

정답

확인 평가

🕐 계산을 하고 검산해 보시오. (28 ~ 35)

28

$$47\overline{)376}$$ 몫 8
$$376$$
$$0$$

검산 $47 \times 8 = 376$

29

$$28\overline{)255}$$ 몫 9
$$252$$
$$3$$

검산 $28 \times 9 + 3 = 255$

30

$$34\overline{)510}$$ 몫 15
$$34$$
$$170$$
$$170$$
$$0$$

검산 $34 \times 15 = 510$

31

$$21\overline{)831}$$ 몫 39
$$63$$
$$201$$
$$189$$
$$12$$

검산 $21 \times 39 + 12 = 831$

32 $644 \div 92 = \boxed{7}$

검산 $92 \times 7 = 644$

33 $918 \div 27 = \boxed{34}$

검산 $27 \times 34 = 918$

34 $201 \div 48 = \boxed{4} \cdots \boxed{9}$

검산 $48 \times 4 + 9 = 201$

35 $648 \div 15 = \boxed{42} \cdots \boxed{18}$

검산 $15 \times 42 + 18 = 648$

👑 크라운 온라인 평가 응시 방법

에듀왕닷컴 접속 www.eduwang.com
⊗
메인 상단 메뉴에서 단원평가 클릭
⊗
단계 및 단원 선택
⊗
온라인 단원평가 실시(30분 동안 평가 실시)
⊗
크라운 확인

각 단원평가를 통해 100점을 받으시면 크라운 1개를 드리며, 획득하신 크라운으로 에듀왕 닷컴에서 판매하고 있는 교재 및 서비스를 무료로 구매하실 수 있습니다.

(크라운 1개 – 1000원)

Memo

초등 수학의 기본은 연산력!!

신기한 **연산왕**

D-1 초4 수준 정답